NONGYE JIXIE

ANQUAN SHIYONG JISHU

农业机械
安全使用技术

胡 霞 刘方洲 刘 旺 编著

化学工业出版社

·北京·

内容简介

在全面乡村振兴背景下，为提高新型职业农民对农业机械的安全使用与维护水平，适应农业现代化的发展趋势，编写了《农业机械安全使用技术》一书。本书分为八个学习单元，介绍了当前应用普遍的农业机械类型及安全使用技术。

在编写中注重以农业生产中广泛使用的机械为典型，突出对机具的结构、工作过程、使用方法、调整、维护保养以及常见故障的排除内容介绍，使读者在懂得常用农业机械的结构与工作的基础上，提高使用和保养农业机械的操作技能，并掌握对常见故障进行分析和排除的方法，对提高机器的无故障作业时间，延长机器使用寿命，提高工作效率，有很好的帮助作用。

本书内容充实、图文并茂、通俗易懂，所涉及的农业机械面广、机型多，能够很好地帮助读者掌握当前我国各地广泛应用的农业机械的结构与使用技术，提高应用水平。本书既可作为高职院校设施农业与装备、现代农业装备应用技术等专业的教材，也可作为新型职业农民的入门教学用书，还可作为广大农业机械使用与管理人员的培训教材。

图书在版编目（CIP）数据

农业机械安全使用技术/胡霞，刘方洲，刘旺编著.
—北京：化学工业出版社，2021.8（2025.5重印）
ISBN 978-7-122-39173-5

Ⅰ.①农…　Ⅱ.①胡…②刘…③刘…　Ⅲ.①农业机械-安全技术　Ⅳ.①S220.7

中国版本图书馆CIP数据核字（2021）第092871号

责任编辑：张绪瑞　刘　哲　　装帧设计：刘丽华
责任校对：王素芹

出版发行：化学工业出版社（北京市东城区青年湖南街13号　邮政编码100011）
印　　装：北京天宇星印刷厂
710mm×1000mm　1/16　印张11½　字数221千字　2025年5月北京第1版第3次印刷

购书咨询：010-64518888　　售后服务：010-64518899
网　　址：http://www.cip.com.cn
凡购买本书，如有缺损质量问题，本社销售中心负责调换。

定　　价：38.00元

前言

党的十九大提出乡村振兴战略，为农业发展指明了方向。要实现农业发展、农民富裕、农产品优质，离不开各种农业机械与设备的支持与保障。未来的农业生产，是通过大量高效、精准、智能化的机器设备来完成各项作业的，因为，与人力、畜力相比，农业机械无论是在劳动生产率，还是作业质量等方面，都将极大地体现出先进优势，已成为农业生产中必不可缺少的有效工具与致富帮手。

为适应我国农业现代化发展的需要，满足新型职业农民对农业机械安全使用技术的迫切需要，编者深入农业生产实践一线调研，归纳、总结、提炼了常用农业机械的安全使用技术，并以通俗易懂、深入浅出的文字，以农业生产从种到收，以及干燥储存的作业过程，构建了本书编写的整体框架主线。

本书分为八个学习单元，阐述了作物从种植到收获的各个环节用到的机具，这些机具都在生产中得到广泛应用，为种子从幼苗成长为强壮的果实，发挥了保驾护航及促进的效果，为实现增收提供了保障，重点对耕整地机械、种植机械、植保机械、灌溉机械、收获机械、清选机械和干燥机械的结构、调整、安全使用技术进行了阐述，增强了对新型农民使用农业机械能力培养的针对性。

单元一介绍了农业机械的含义、特点和分类，使读者认识到农业机械的特点、当今农业机械有哪些类型，从而对农业机械有一个全面、深入的认识，为后续应用和创新农业机械与设备，给出了方向和目标，开阔了视野。

单元二以耕整地机械的安全使用技术为重点，介绍了常用的机具及保护性耕作等内容，使读者掌握土壤耕整机具的安全使用方法，加深理解土壤条件对种子萌发、后续茁壮成长的重要意义，从而提高作业标准化的意识和能力。

单元三介绍了种植机械安全使用技术，利用种植机械，能将优质种子或幼苗种植在适宜的土壤中，并保持株距、行距、深度均符合生长需要，且有肥料的持续供给，为后续的发芽、苗长提供保障，这个环节同样需要精心使用机具，丝毫马虎不得。

单元四对植保机械的安全使用进行阐述，使读者了解并掌握常用打药机械的安全使用方法，为消灭病虫草害助力。

单元五介绍了常见灌溉方法和机具，借助这些设备的安全使用，从而能保证禾苗不受干旱的困扰，及时有效进行浇灌，并可以在灌溉时施入肥料，一举两得。

单元六介绍了常用收获机械的安全使用技术，通过前期的播种、喷药、灌溉，迎来了收获的喜悦，各种收获机械在田间发挥着威力，及时收获，保证颗粒归仓。

单元七介绍了清除杂物、分级分类的机械和设备，保证收获后的谷物、豆类，都能干净地、尺寸大小一致地呈现在消费者面前，给人以颗粒饱满、清洁整齐的品质，为农作物的优质优价提供保障。

单元八阐述了干燥方法及常用的干燥机械，为收获后长期保存农产品，减少水分大导致腐烂发霉的干燥机具，为后续的储藏提供了基本保障。

北京农业职业学院胡霞对全书的编写进行了统筹策划工作，并编写主要内容，以及最后的统稿与审定。刘方洲、刘旺参与了部分策划与调研工作，并提供部分内容的编写素材。

在编写过程中，编者走访调研了许多部门，参阅了大量资料，同时得到编者所在单位的大力支持与帮助，在此一并表示诚挚的谢意。

由于我国地域辽阔，南北方土壤、气候、作物等情况差异较大，使得农业机械呈现地域性的特点，加之编者水平有限，难免出现挂一漏万的现象。对书中存在的不足之处，希望读者提出宝贵意见。

编者

目录

单元一
农业机械类型

一、农业机械的含义

现代农业生产包含种植、养殖和加工等多个领域，以及产前、产中、产后多个环节。从广义上说，用于农业生产及其产品初加工的机械设备都可称为农业机械，它包括动力机械与作业机械两个方面。动力机械（如内燃机、拖拉机、电动机等）为作业机械提供动力，作业机械（如旋耕机、圆盘耙、播种机等）则直接完成农业生产中的各项作业。有些作业机械需与动力机械以一定的方式连接起来，形成作业机组，进行移动性作业，如耕整地机组、播种机组等；有些作业机械与动力机械以一定方式连接，进行固定性作业，如水泵机组、脱粒机组等；还有些作业机械与动力机械制造成一个整体，如自走式联合收割机、机动插秧机等。狭义的农业机械概念，只包括作业机械和制成整体的联合作业机，不包括单独的动力机械。本书中所指的农业机械即采用狭义农业机械的概念，不介绍单独的动力机械。

二、农业机械的特点

（1）作业对象种类繁多　农业机械的作业对象有土壤、肥料、种子、农药、作物等，因此要求农业机械能适应相应物料的特性，以满足各项作业的农业技术要求，保证农业增产增收。

（2）多样性和区域性　由于农业生产过程包括许多不同的作业环节，同时各地自然条件、作物种类和种植制度等又有较大的差异，这就决定了农业机械具有多样性和区域性的特点。例如南方的水田犁，与北方的旱田犁，因作业土壤条件不同，使得机具结构不同。因此，在选择和使用农业机械时，必须以符合当地农业生产要求为依据。

（3）作业有季节性　大多数农业机械如耕整地机械、播种机械、收获机械等作业时间受季节限制，必须在农时限定的时间内完成相应作业。因此，要求农业机械有可靠的工作性能和高的生产效率，并能适应作业季节的气候条件。

（4）工作环境差　多数农业机械为露天作业，因此要求农业机械应具有较高的强度和刚度，有较好的耐磨、防腐、抗振等性能，有良好的操纵性能，有必要的安全防护设施。

三、农业机械的类型

中华人民共和国农业部发布，于2015年5月1日实施的农业机械分类（NY/T 1640—2015），将农业机械分为大类、小类和品目3个层次。大类按农业生产活动的环节划分；小类按农业机械的功能划分；品目按农业机械的结构、作业方式、作业对象进行划分，并按其进入农业生产的时间先后进行排序。共分为15个大类、49个小类（不含“其他”）、257个品目。见表1-1。

表1-1　农业机械分类及代码表

大类		小类		品目	
代码	名称	代码	名称	代码	名称
01	耕整地机械	0101	耕地机械	010101	铧式犁
				010102	圆盘犁
				010103	旋耕机
				010104	深松机
				010105	开沟机
				010106	耕整机
				010107	微耕机
				010108	机滚船
				010109	机耕船
		0102	整地机械	010201	钉齿耙
				010202	圆盘耙
				010203	起垄机
				010204	镇压器
				010205	灭茬机
				010206	埋茬起浆机
				010207	筑埂机

续表

大类		小类		品目	
代码	名称	代码	名称	代码	名称
01	耕整地机械	0102	整地机械	010208	铺膜机
				010209	联合整地机
02	种植施肥机械	0201	播种机械	020101	条播机
				020102	穴播机
				020103	精量播种机
				020104	小粒种子播种机
				020105	根茎作物播种机
				020106	深松施肥播种机
				020107	免耕播种机
				020108	铺膜播种机
				020109	整地施肥播种机
				020110	水稻直播机
		0202	育苗机械设备	020201	种子播前处理设备
				020202	营养钵压制机
				020203	秧田播种机
				020204	秧盘播种成套设备(含床土处理)
				020205	起苗机
				020206	秧苗嫁接机
		0203	栽植机械	020301	水稻插秧机
				020302	秧苗移栽机
				020303	甘蔗种植机
				020304	木薯种植机
		0204	施肥机械	020401	施肥机
				020402	撒肥机
				020403	追肥机
03	田间管理机械	0301	中耕机械	030101	中耕机
				030102	培土机
				030103	除草机
				030104	埋藤机
				030105	田园管理机
		0302	植保机械	030201	手动喷雾器
				030202	电动喷雾器

续表

大类		小类		品目	
代码	名称	代码	名称	代码	名称
03	田间管理机械	0302	植保机械	030203	背负式喷雾喷粉机
				030204	动力喷雾机
				030205	喷杆喷雾机
				030206	风送喷雾机
				030207	烟雾机
				030208	杀虫灯
				030209	遥控飞行喷雾机
		0303	修剪机械	030301	茶树修剪机
				030302	果树修剪机
				030303	割灌(草)机
				030304	枝条切碎机
				030305	果树嫁接机
				030306	玉米去雄机
04	收获机械	0401	谷物收获机械	040101	割晒机
				040102	割捆机
				040103	自走轮式谷物联合收割机
				040104	自走履带式谷物联合收割机(全喂入)
				040105	悬挂式谷物联合收割机
				040106	半喂入联合收割机
				040107	大豆收获专用割台
		0402	玉米收获机械	040201	悬挂式玉米收获机
				040202	自走式玉米收获机
				040203	自走式玉米籽粒联合收获机
				040204	穗茎兼收玉米收获机
				040205	玉米收获专用割台
		0403	棉麻作物收获机械	040301	棉花收获机
				040302	麻类作物收获机
		0404	果实收获机械	040401	葡萄收获机
				040402	果实捡拾机
				040403	番茄收获机
				040404	辣椒收获机
		0405	蔬菜收获机械	040501	豆类蔬菜收获机
				040502	茎叶类蔬菜收获机

续表

大类		小类		品目	
代码	名称	代码	名称	代码	名称
04	收获机械	0405	蔬菜收获机械	040503	果类蔬菜收获机
		0406	花卉(茶叶)采收机械	040601	采茶机
				040602	花卉采收机
				040603	啤酒花收获机
		0407	籽粒作物收获机械	040701	油菜籽收获机
				040702	葵花籽收获机
				040703	草籽收获机
		0408	根茎作物收获机械	040801	薯类收获机
				040802	甜菜收获机
				040803	大蒜收获机
				040804	大葱收获机
				040805	萝卜收获机
				040806	甘蔗收获机
				040807	甘蔗割铺机
				040808	甘蔗剥叶机
				040809	花生收获机
				040810	药材挖掘机
				040811	挖(起)藕机
		0409	饲料作物收获机械	040901	割草机
				040902	翻晒机
				040903	搂草机
				040904	压扁机
				040905	牧草收获机
				040906	打(压)捆机
				040907	圆草捆包膜机
				040908	青饲料收获机
		0410	茎秆收集处理机械	041001	秸秆粉碎还田机
				041002	高秆作物割晒机
				041003	茎秆收割机
				041004	平茬机
05	收获后处理机械	0501	脱粒机械	050101	稻麦脱粒机
				050102	玉米脱粒机
				050103	花生摘果机

续表

大类		小类		品目	
代码	名称	代码	名称	代码	名称
05	收获后处理机械	0501	脱粒机械	050104	籽瓜取籽机
		0502	清选机械	050201	风筛清选机
				050202	重力清选机
				050203	窝眼清选机
				050204	复式清选机
		0503	干燥机械	050301	谷物烘干机
				050302	种子烘干机
				050303	籽棉(皮棉)烘干机
				050304	果蔬烘干机
				050305	药材烘干机
				050306	油菜籽烘干机
		0504	种子加工机械	050401	脱芒(绒)机
				050402	种子清选机
				050403	种子分级机
				050404	种子包衣机
				050405	种子加工成套设备
				050406	种子丸粒化机
				050407	棉籽脱绒成套设备
06	农产品初加工机械	0601	碾米机械	060101	碾米机
				060102	砻谷机
				060103	谷糙分离机
				060104	组合米机
				060105	碾米加工成套设备
		0602	磨粉(浆)机械	060201	磨粉机
				060202	面粉加工成套设备
				060203	磨浆机
				060204	淀粉加工成套设备
		0603	榨油机械	060301	螺旋榨油机
				060302	液压榨油机
				060303	滤油机
		0604	果蔬加工机械	060401	水果分级机
				060402	水果清洗机
				060403	水果打蜡机

续表

大类		小类		品目	
代码	名称	代码	名称	代码	名称
06	农产品初加工机械	0604	果蔬加工机械	060404	蔬菜清洗机
				060405	蔬菜分级机
				060406	薯类分级机
				060407	薯类分切机
		0605	茶叶加工机械	060501	茶叶杀青机
				060502	茶叶揉捻机
				060503	茶叶炒(烘)干机
				060504	茶叶筛选机
				060505	茶叶理条机
		0606	剥壳(去皮)机械	060601	玉米剥皮机
				060602	花生脱壳机
				060603	棉籽剥壳机
				060604	干坚果脱壳机
				060605	青豆脱壳机
				060606	大蒜去皮机
				060607	葵花剥壳机
				060608	剥(刮)麻机
				060609	果蔬去皮机
07	农用搬运机械	0701	运输机械	070101	农用挂车
				070102	田间运输机
				070103	挂桨机
		0702	装卸机械	070201	码垛机
				070202	农用吊车
				070203	农用叉车
				070204	抓草机
08	排灌机械	0801	水泵	080101	离心泵
				080102	潜水电泵
				080103	微型泵
				080104	泥浆泵
				080105	污水污物泵
		0802	喷灌机械设备	080201	喷灌机
				080202	微灌设备
				080203	灌溉首部(含灌溉水增压设备、过滤设备、水质软化设备、灌溉施肥一体化设备以及营养液消毒设备等)

续表

大类		小类		品目	
代码	名称	代码	名称	代码	名称
09	畜牧机械	0901	饲料(草)加工机械设备	090101	铡草机
				090102	青贮切碎机
				090103	揉丝机
				090104	压块机
				090105	饲料(草)粉碎机
				090106	饲料混合机
				090107	饲料破碎机
				090108	青贮饲料取料机
				090109	饲料打浆机
				090110	颗粒饲料压制机
				090111	饲料制备(搅拌)机
				090112	饲料膨化机
				090113	饲料加工成套设备
		0902	饲养机械	090201	孵化机
				090202	喂料机
				090203	送料机
				090204	饮水装置
				090205	清粪机
				090206	消毒机
				090207	药浴机
				090208	畜禽精准化饲养设备
				090209	粪污固液分离机
				090210	粪污水处理设备
		0903	畜产品采集加工机械设备	090301	挤奶机
				090302	剪羊毛机
				090303	贮奶(冷藏)罐
10	水产机械	1001	水产养殖机械	100101	增氧机
				100102	投饲机
				100103	网箱养殖设备
				100104	水体净化设备
				100105	贝藻类养殖机械
		1002	水产捕捞机械	100201	绞纲机
				100202	起网机
				100203	吸鱼泵

续表

大类		小类		品目	
代码	名称	代码	名称	代码	名称
10	水产机械	1002	水产捕捞机械	100204	船用油污水分离装置
				100205	探鱼设备
11	农业废弃物利用处理设备	1101	生物质能设备	110101	沼气发生设备
				110102	秸秆气化设备
		1102	废弃物处理设备	110201	废弃物料烘干机
				110202	有机废弃物好氧发酵翻堆机
				110203	有机废弃物干式厌氧发酵装置
				110204	残膜回收机
				110205	沼液沼渣抽排设备
				110206	秸秆压块(粒、棒)机
				110207	病死畜禽无害化处理设备
12	农田基本建设机械	1201	挖掘机械	120101	农用挖掘机
				120102	开沟机(开渠用)
				120103	挖坑机
				120104	推土机
				120105	水力挖塘机组
		1202	平地机械	120201	铲运机
				120202	平地机
		1203	清淤机械	120301	挖泥船
				120302	清淤机
13	设施农业设备	1301	温室大棚设备	130101	电动卷膜机
				130102	电动卷帘机
				130103	开窗机
				130104	拉幕机
				130105	通风机
				130106	二氧化碳发生器
				130107	臭氧发生器
				130108	热风炉
		1302	食用菌生产设备	130201	食用菌料制备设备
				130202	食用菌料混合机
				130203	蒸汽灭菌设备
				130204	食用菌料装瓶(袋)机
				130205	食用菌分选分级机
				130206	食用菌压块机

续表

大类		小类		品目	
代码	名称	代码	名称	代码	名称
14	动力机械	1401	拖拉机	140101	轮式拖拉机
				140102	手扶拖拉机
				140103	履带式拖拉机
				140104	船式拖拉机
		1402	农用内燃机	140201	柴油机
				140202	汽油机
15	其他机械	1501	农用航空器	150101	固定翼飞机
				150102	旋翼飞机
		1502	养蜂设备	150201	养蜂平台
		1599	其他机械	159999	

农业机械的代码及编码方法。

① 大类代码以2位阿拉伯数字表示，代码从“01”至“15”（见表1-1），如01表示耕整地机械，02表示种植施肥机械，03表示田间管理机械，04表示收获机械，05表示收获后处理机械，06表示农产品初加工机械，07表示农用搬运机械，08表示排灌机械，09表示畜牧机械，10表示水产机械，11表示农业废弃物利用处理设备，12表示农田基本建设机械，13表示设施农业设备，14表示动力机械，15表示其他机械。

② 小类代码以4位阿拉伯数字表示（见表1-1），如0101表示耕地机械，0102表示整地机械，0201表示播种机械，0202表示育苗机械设备，0203表示栽植机械，0204表示施肥机械，等等。

③ 品目代码以6位阿拉伯数字表示（见表1-1），如010101表示铧式犁，010102表示圆盘犁，010103表示旋耕机，等等。品目代码也就是在4位小类代码的后面加2位顺序码。

思考题

1. 农业机械分为哪些大类？
2. 农业机械有什么特点？
3. 当地正在使用的有哪些农业机械？
4. 当地使用的农业机械存在哪些问题？如何改进？

单元二
耕整地机械安全使用技术

一、耕整地机械种类

耕地机械包括犁、旋耕机、深松机等；整地机械包括耙、灭茬机、镇压器等。通过耕整地机械对土壤进行疏松、破碎残茬、细碎土块、平整土地，为后续的播种创造适宜的土壤条件。

旋耕机是一种由动力驱动的旋转式耕地机械，如图 2-1 所示，以旋转刀进行切土，碎土能力强。旋耕后地表平整、松软，可用于水田、菜园、黏重土壤和季节性强的浅耕灭茬，在播前整地作业中得到广泛的应用。

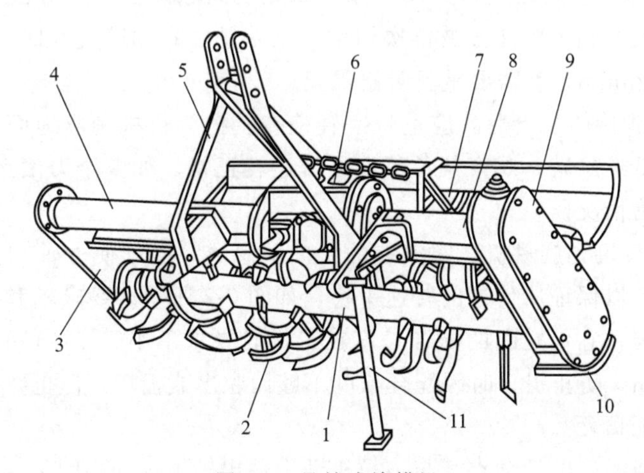

图 2-1　悬挂式旋耕机

1—刀轴；2—刀片；3—右支臂；4—右主梁；5—悬挂架；6—齿轮箱；7—罩壳；8—左主梁；9—传动箱；10—防磨板；11—支撑杆

深松机在不翻转土层的前提下，可以打破多年犁耕形成的坚硬犁底层，保证松土效果，以改善土壤的蓄水和通透能力。在开始实施免少耕保护性耕作的地块，可首先进行一次深松作业，以后根据土壤坚实度确定深松作业周期，一般2～4年深松一次即可。深松深度根据作物生长需要而定，小麦等密植作物的深松深度为20～30cm，深松间隔为30～50cm；玉米等宽行作物的深松深度为25～35cm，深松间隔为40～70cm。

随着拖拉机功率的增大，耕整地机械向联合作业机、复式作业方向发展，如耕耙犁、联合整地机等，机组下田一次，可以完成多项作业，大幅度提高了生产效率，减少了拖拉机对土壤的反复碾压。

随着技术发展，在耕整地机上应用激光平地技术，可提高平整土地的质量，为后续的均匀灌溉创造了条件；安装自动化、信息化、智能化控制装置，当机具遇到问题时可自动调整或发出警报，避免出现安全事故。

二、旋耕机安全使用技术

（一）旋耕机使用前的技术状态检查

① 刀片的刃口厚度应为0.5～1.5mm，刃口曲线过渡应平滑，若刃口有残缺，其深度要小于2mm，且每把刀的残缺不能多于两处。

② 刀片在刀座上必须安装牢固，应有锁紧措施，防止松脱而造成人身事故或机具损坏。

③ 刀滚装到旋耕机之后，刀片顶端与罩壳的间隙以30～45mm为宜，间隙过大时，垡块易反抛到刀轴前方被再次切削，浪费动力；间隙过小时，易造成堵塞。若此间隙小于28mm，就需要重新装修罩壳。

④ 刀滚装到旋耕机上后，应进行空转检查。把旋耕机稍离地面，接合动力输出轴，旋耕机低速旋转，观察其各部件是否运转正常，如整个刀滚运转是否平稳、有无碰擦等异常情况。

⑤ 检查拖拉机和旋耕机之间安装的万向节总成，必须使方轴和方轴套的夹叉处于同一平面，以保证所传递的转速平稳，如图2-2所示。要求轴和方轴套之间的配合长度要适当，它们之间的配合长度在工作时要求不小于150mm，在升起时要求不小于40mm，防止提升时因配合长度不够而脱出或损坏，但也要防止工作时因配合长度太长而顶死。

万向节总成两端的活动夹叉与拖拉机动力输出轴轴头和中间齿轮传动箱轴头连接时，必须推到位，使插销能插入花键的凹槽内，最后还应用开口销把插销锁好，以防止夹叉甩出造成事故。

⑥ 传动装置在每个耕季结束后都要检查一次，以保持其经常处于完好的技术状态。检查方法是：先放出传动箱的齿轮油并清洗内部，然后检查调节，再加入新齿轮油，若检查时发现问题，要及时进行拆装和修理。

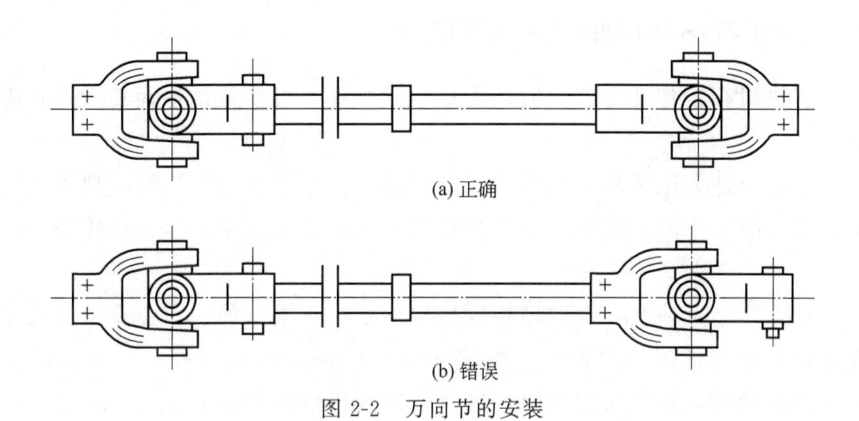

(a) 正确

(b) 错误

图 2-2　万向节的安装

（二）旋耕机的调整

1. 旋耕前的调整

旋耕机在工作时应保持机架左右水平和前后水平，以保证旋耕机深度一致及工作状况良好。若不水平，需进行调整。

① 左右水平调整。将旋耕机降低，检查左右两端的刀尖离地高度，若不一致，可通过右提升杆摇把进行调整，使左右耕深一致。

② 前后水平调整。将旋耕机降到需要的耕深时，观察万向节夹角与旋耕机一轴是否接近水平位置。此调整的目的是使旋耕机下降到要求的耕深时，齿轮箱上的花键轴与动力输出轴相平行（即处于水平），使万向节及机组在有利条件下工作，调节方法是改变上拉杆的长度，使齿轮箱达到水平即可。

③ 提升高度的调整。万向节倾斜角度变大时，本身消耗的功率就会很快增多，而且万向节容易损坏。因此，要求万向节在升起时的倾角不超过 30°，一般只需刀尖离开地面 20cm 左右，即可转弯空行。为了操作方便，应将最高提升位置加以限制，即将拖拉机位调节扇形板上的限位螺钉固定在适当的位置上，使每次提升的高度保持不变。

2. 碎土程度的调整

碎土程度与拖拉机前进速度及刀轴转速有关，一般情况下，应通过改变前进速度来调整碎土能力，当旋耕机刀轴转速一定时，加大或减小拖拉机前进速度，则土块变大或变小。如中间传动箱的速比可以调整，也可以用改变传动箱速比的方法来适应不同的土质和不同型号的拖拉机。

在一般情况下，旱耕作业的前进速度选用2～3km/h；水耕或耙地作业选用3～5km/h。

（三）旋耕机在田间作业的注意事项

（1）旋耕机行走作业方法　有回形和梭形两种，可根据地块面积及形状确定行走方法。

（2）开始作业　应将旋耕机处于提升状态，先结合动力输出轴，使刀轴转速增至额定转速，然后下降旋耕机，使刀片逐渐入土至所需深度，以免产生冲击，损坏犁刀。

（3）作业中　旋耕机作业时应根据地块大小、土壤性质、作业要求及驾驶员的操作熟练程度来选择拖拉机速度，既要充分利用拖拉机的功率，又不能长期超负荷。尽量低速慢行，以使土块细碎，同时可减轻机件的磨损。

严禁用高挡和倒挡进行作业。清除犁刀上的缠草时，应切断动力或停车。

（4）平时作业　平时应注意旋耕机各部分工作情况，检查犁刀及其他部分是否松动或变形时，必须停转旋耕刀进行，若松动或变形时要及时紧固或校正。此外，石块、树根、杂草多的地块，不宜用旋耕机进行作业，以防损坏刀片。

（5）地头转弯　在倒车和地头转弯时，应先减油门，并将旋耕机升起，使刀片离开地面，以免损坏刀片。

（6）田间转移　旋耕机田间作业转移地块时，拖拉机应用低挡行驶，犁刀要离开地面，并切断动力。越过田埂、沟渠时，需将旋耕机切断动力，并将旋耕机提升到最高位置。

（四）旋耕机的保养

旋耕机的保养分为班保养和作业季节结束后的保养。

1. 班保养

一般情况下，每班作业后应进行班保养，内容包括：

① 检查拧紧连接螺栓。

② 检查插销、开口销等易损件有无缺损，必要时更换。

③ 检查传动箱、十字节和轴承是否缺油，必要时立即补充。

2. 作业季节结束后的保养

每个作业季度完成后应进行季度保养，内容包括：

① 彻底清除机具上的泥尘、油污。

② 彻底更换润滑油、润滑脂。

③ 检查刀片是否过度磨损，必要时换新。

④ 检查机罩、拖板等有无变形，若有需恢复其原形或换新。

⑤ 全面检查机具的外观，补刷油漆，弯刀、花键轴上涂油防锈。

⑥ 长期不使用时，旋耕机不得悬挂在拖拉机上，应置于库房的水平地面上，并将机具支起放平，使刀片离地，防止受力变形。

（五）旋耕机的常见故障及排除方法

旋耕机在作业时常见的故障及排除方法见表 2-1。

表 2-1 旋耕机常见故障及排除方法

故障现象	原因	排除方法
旋耕机工作时跳动	①土壤坚硬 ②犁刀安装不正确	①降低拖拉机的挡位及犁刀轴转速 ②按规定重新安装犁刀
工作负荷过大	①耕幅过宽及耕得过深 ②土壤黏重、干硬、比阻过大	①减少耕幅或耕深 ②拖拉机选用低挡，降低犁刀轴旋转速度
工作时有金属敲击声	①犁刀固定螺钉松动 ②犁刀轴两端的犁刀变形后撞侧板 ③传动链条过松	①紧固犁刀固定螺钉 ②校正或更换犁刀 ③调整链条紧度
齿轮箱有杂音	①轴承损坏 ②齿轮牙齿损坏 ③箱内有异物落入 ④圆锥齿轮侧间隙过大	①更换新轴承 ②更换或修复齿轮 ③清理齿轮箱取出异物 ④调整圆锥齿轮的侧间隙
旋耕机向后间断抛出大块土	犁刀弯曲变形，断裂或丢失	校正、更换或补装犁刀
耕后地表起伏不平	①旋耕机左右不水平 ②刀片安装不对 ③拖板调节不当	①旋耕机左右调整水平 ②重新正确安装刀片 ③正确调整拖板
犁刀轴转不动	①齿轮卡死，轴承损坏 ②刀轴及侧板变形 ③犁刀间被泥土堵死	①修理或更换齿轮和轴承 ②修复刀轴或侧板 ③清除泥土
刀座脱焊断裂	①犁刀碰到坚硬物时受力过大 ②焊接质量差 ③犁刀装反，阻力过大 ④降落时太猛，冲击力过大	①重新焊接 ②重新焊接 ③正确安装犁刀 ④工作时旋耕机要缓慢降落
漏油	①油封或纸垫损坏 ②箱体有裂纹	①更换油封或纸垫 ②修复箱体
链条断开	①旋耕机落地过猛 ②链条质量差 ③链条卡住 ④机组遇到较大阻力时，油门加得过大	①缓慢降落旋耕机 ②更换高质量的链条 ③遇到较大阻力时应停车检查，找出原因，排除后再继续作业

续表

故障现象	原因	排除方法
犁刀变形或折断	①石块、树根或其他坚硬物体碰撞所致 ②地头转弯时，犁刀没出土 ③热处理质量没有达到要求	①清除石块、树根及坚硬物体 ②转弯时要将旋耕机升起 ③提高制造质量
万向节飞出	①十字节损坏 ②方轴插销脱落 ③孔用弹性挡圈损坏	①修复或更换十字节 ②装上插销 ③更换挡圈
轴承过热	①润滑油不足 ②轴承间隙过小 ③轴承损坏	①定期检查油面 ②调整间隙到规定值 ③更换轴承
动力输出轴损坏	①万向节轴倾角过大 ②猛降入土，负荷过大 ③方轴脱套，夹叉继续转动	①换新轴，限制提升高度 ②换新轴，缓慢下降 ③换新轴，查出脱套原因

思考题

1. 调研当地常用的耕整地机械有哪些类型？
2. 耕整地机具的安全使用技术分别是什么？
3. 耕整地机械的维护保养项目分别有哪些？
4. 当地在耕整地机械使用方面存在哪些问题？你有何建议？

单元三
种植机械安全使用技术

播种是作物生长的前提，良好的播种质量是保证苗齐和苗壮的基础，直接影响到产量的高低。

一、播种的农业技术要求

① 适时播种，不误农时。

② 播种量符合要求，排种器不损伤种子、且排种均匀。

③ 播种深度符合要求，并均匀一致。

④ 播种行距一致，无重播和漏播。

⑤ 播种的同时尽量能进行施肥、打药、镇压等联合作业。

二、播种机的分类

① 按播种方式分类。可分为撒播机、条播机和点（穴）播机。撒播是将种子漫撒于田间，种子分布得不均匀，多用于牧草播种；条播是将种子播成条行，小麦、谷子等多用此法播种；点（穴）播是将单粒或多粒种子点播成穴，常用于玉米、棉花、大豆等作物的播种。

近年来，精密播种技术得到了推广应用，与之配套的有小麦精密播种机和玉米精密播种机等。精密播种是与普通播种的粗放性相比较来说的，在播种量、行距、株距、播深等方面都比较精确；比普通播种的播种量要少，在保证个体发育的田间光照及养料充足的前提下，实现个体的健壮成长，使得成穗足且大、果穗粒多而重，从而实现高产。精密播种可实现将精确的种子数准确地分配在行中，并保证播深一致，但对种子和土壤条件要求都很高，例如种子需进行精选分级和处理，以保证发芽率和出苗能力，土壤需肥水充足，并能有效防止病虫害的发生。

② 按与拖拉机连接方式分类。可分为牵引式、悬挂式和半悬挂式。

③ 按作业模式分类。可分为施肥播种机、旋耕播种机、免耕播种机和铺膜播种机等。

④ 按排种原理分类。可分为机械式、气力式和离心式等。

⑤ 按作物品种类型分类。可分为谷物播种机、棉花播种机、牧草播种机和蔬菜播种机等。

免耕播种是近年来发展的保护性耕作中一项农业栽培新技术，它是在未经耕翻的有秸秆覆盖和前茬作物根茬的土壤上直接进行播种作业，与之配套的播种机称为免耕播种机。由于是在未耕整的茬地上直接播种，不破坏土壤的团粒结构，可达到保肥、保水、节约良种、增加产量的目标。

免耕播种机除了要具有一般播种机的开沟、下种、下肥、覆土、镇压等功能外，还要求开沟器能够切断秸秆和根茬，可以对种子、肥料分层施入，有清草排堵能力，以满足在免耕条件下的播种要求。

在播种机上配置监测系统，通过监视器可以观测到行距、每行下种情况（可及时了解是否有断种现象）、株距、播种面积、种箱内的种子量、拖拉机的速度等，以便保证播量准确。

使用变速电机来驱动排种部件，可以实现在不停机的情况下调整播量。使用肥料监测装置可以及时调整施肥量，以保证按土壤肥力大小来准确施用肥料，避免肥料的过度施用。

卫星遥感技术对气候、地理、环境进行精确预报，可以确保适时播种。

随着科学技术的发展，必将有更多的高新技术应用于播种机械上，从而不断提高播种质量，为种子的健康成长创造最佳条件，为农业生产的优质、高效奠定基础。

三、谷物条播种机的结构

谷物条播种机一般由机架、肥料箱、种子箱、排种器、排肥器、输种（肥）管、开沟器、覆土器等组成。图 3-1 为谷物条播机的结构示意图及实物图。该机主要用于条播麦类、高粱、谷子等谷物，在播种的同时能施颗粒或干粉状化肥。

工作时，播种机随拖拉机行进，开沟器开出种沟，地轮通过传动装置，带动排种装置和排肥装置工作，将种、肥排出，经输种（肥）管落入种沟，随后由覆土器覆土盖种。

谷物条播机常用行走轮驱动排种器，这样可使排种器排出的种子量与行走轮所走的距离保持一定的比例，以保证单位面积上的播种量均匀一致。

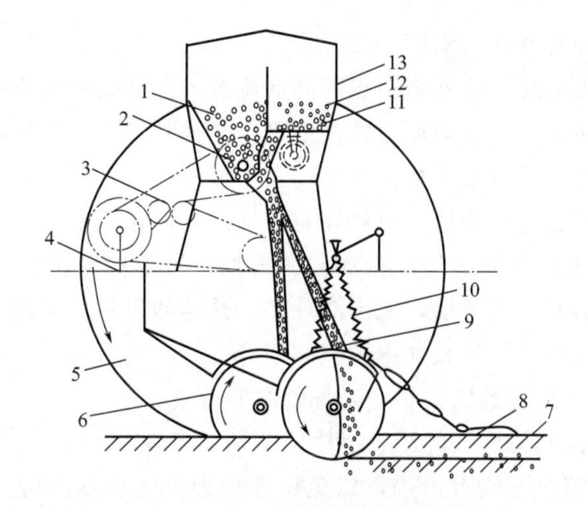

图 3-1　条播机

1—种子；2—排种器；3—传动机构；4—机架；5—地轮；6—开沟器；7—播下的种子；8—覆土器；9—输种（肥）管；10—提升拉杆；11—排肥器；12—肥料；13—种肥箱

谷物条播机的行走轮直径较大，这是由于谷物条播的行距较窄，在一台播种机进行多行播种时，排种器常采用通轴传动，需要较大的传动力矩；同时，直径较大的轮子可以减少转动时的滑移现象，使排种均匀性好，以保证种子在行内分布均匀一致。

四、谷物条播机安全使用技术

（一）使用前的准备

① 播种机与拖拉机的挂接。播种机在播种作业时应该保持机架前后、左右都

水平，从而保证开沟器开沟深度一致、排种（肥）正常。

牵引式播种机可通过改变牵引点的高低位置，保证播种机作业时机架前后是水平的。通过调节播种机左右两地轮的高度可以使播种机作业时保持左右水平。

悬挂式播种机可通过改变拖拉机悬挂上拉杆的长度，保证播种机前后水平。播种机的左右水平可通过改变拖拉机悬挂右吊杆的长度来调节。

② 对播种机上需要润滑的部位加注润滑油。检查传动机构的齿轮、链轮啮合情况，确保转动部件运转灵活，无卡滞现象。裸露的齿轮、链轮、链条处禁止涂抹润滑油，以免粘上尘土，导致加剧磨损。

③ 检查紧固件是否紧固牢靠，未拧紧的要拧紧。

④ 检查开沟器的排列、间距、运输间隙是否正确

⑤ 种（肥）箱内不能有杂物，以免损坏排种（肥）器。所用的种子和肥料必须清洁，肥料结块应击碎。

⑥ 按照机具使用说明书的要求，调整各工作部件及结构，使播种机达到良好的技术状态。

（二）播种机使用中的注意事项

① 根据地块情况，选好行走路线。画好地头开沟器的起落线，地头线的宽度一般应取播种机工作幅宽的3～4倍，以便最后播地头时减少重播或漏播。

② 播种时应保持直线匀速行进，中途尽量避免停车。如必须停车，再次启动时要先将开沟器升起，后退1m左右，方可进行播种作业，以免造成漏播。

③ 农具手在播种作业时，要经常观察播种机各部分的工作是否正常。特别要注意排种（肥）器是否正常工作，输种（肥）管有无堵塞，种（肥）箱内的种子、肥料是否足够，划印器工作是否正常，开沟器有无挂草堵塞等。发现问题，应立即向拖拉机手发出信号，停车进行解决。工作部件和传动部件粘土或缠草过多时，应停车清理。种肥箱内的种子和肥料不要全部播完，至少应保留足以盖满全部排种器、排肥器，以防断播。

④ 地头转弯时，要升起开沟器，减速缓行，以免损坏机具。

⑤ 机具与具有力调节、位调节液压悬挂机构的拖拉机配套时，应注意：作业时禁止使用力调节，以免损坏机具；工作时，使用位调节，必须将力调节手柄置于“提升”位置。机具下降，位调节手柄向下方移动，反之机具上升。机具达到所需深度后，用定位装置将位调节手柄挡住，以利于机具每次下降到同样的深度。

机具与具有分置式悬挂机构的拖拉机配套时，应注意：工作时，分配器手柄置于“浮动”位置。机具入土到适当深度时，定位卡箍挡块固定下来。机具下降后，不可使用“压降”位置，以免损坏机具。下降或提升机具时，手柄向下降或提升方向移动，达到要求位置。不要在“压降”和“中立”位置停置。

⑥ 播拌药的种子时，接触种子的人员应戴口罩和手套等防护用具。播后的剩余种子要妥善处理，以防中毒和污染环境。

（三）播种深度检查

检测播后种子上部的覆土厚度。具体的检查方法是：在已播种覆土的行上，扒开覆土直到露出种子，然后用尺子测量种子到地表面的深度，测量每个开沟器行内的5个点，以确定播深是否符合误差的范围（当规定播深小于或等于3cm时，实际播深的偏差不应超过±0.5cm；当规定播深大于3cm时，实际播深的偏差不应超过±1cm）。

（四）播种机的班次维护

每班工作（8～16h）结束后，应进行以下维护。

① 彻底清除传动机构、排种器、开沟器、机架等部位的泥土、杂草，以便检查各部位的技术状态。

② 检查各部件是否有变形、损坏等，要及时修复或更换。

③ 检查排种轮卡箍、开沟器拉杆固定螺栓等紧固部位的紧固情况，若有松动应及时拧紧。

④ 检查和润滑所有传动机构和转动部件，必要时进行调整或修理。

⑤ 及时清理种（肥）箱里的剩余种肥，防止腐蚀机件。

⑥ 盖严种箱和肥箱，必要时用苫布遮盖，防止杂物和受潮。

⑦ 落下开沟器，将机体支稳。

（五）播种机的保管

播种作业完全结束后，机具要放置很长时间，到下个作业季节时才能使用，做好机具的保管工作，对延长机具的使用寿命有重要意义。为做好机具的保管工作，要注意以下方面。

① 清除机具上的泥土、油污以及种子箱和肥料箱内的种子、肥料。

② 拆下开沟器、齿轮、链轮等易磨损零件，清除尘土、油污，对损坏零件进行修理或更换。对易锈部位涂上防锈油，然后装复或分类存放。

③ 清洗轴承和转动部件，在各润滑部位加注足够的润滑油。

④ 对脱漆部位要重新涂上防锈漆。

⑤ 放松链条、皮带、弹簧等，使之保持自然状态，以免变形。

⑥ 将开沟器支离地面。将机具停放在干燥通风的库内。塑料和橡胶零件要避免阳光和油污的侵袭，以免加速老化。

（六）播种机的常见故障与排除方法

播种机在使用过程中难免要出现故障，现将播种机在使用中的常见故障及排除方法归纳为表 3-1。

表 3-1 播种机的常见故障及排除方法

故障现象	原因	排除方法
漏播(种沟内无种子)	①输种管堵塞脱落 ②输种管损坏 ③土壤湿黏,开沟器堵塞 ④种子不干净,堵塞排种器	①经常检查排除 ②修理或更换 ③在适合条件下播种 ④将种子清选干净
播深不一致	①播种机机架前后左右不平 ②各开沟器安装位置或调整不一致 ③播种机机架变形,有扭曲	①与拖拉机正确挂结,调平机架 ②安装调整一致 ③校正变形
行距不一致	①开沟器配置不正确 ②开沟器固定螺钉松动	①正确配置开沟器 ②重新紧固
播量不一致	①地面不平,土块太多 ②排种轮工作长度不一致 ③排种舌开度不一致 ④播量调节手柄固定螺钉松动	①提高整地质量 ②正确调整排种轮工作长度 ③调整排种舌开度,并使各行保持一致 ④重新紧固在合适位置
双圆盘开沟器堵塞、壅土	①圆盘转动不灵活 ②圆盘左右晃动而张口 ③开沟器内导种板与圆盘的间隙过小 ④地面不平,作物残茬过多 ⑤开沟器未提升前就倒车 ⑥土壤湿度过大	①增加内外锥体之间的垫片 ②减少内外锥体之间的垫片 ③调整间隙 ④提高整地质量,消除地面残茬 ⑤提升开沟器后再倒车 ⑥控制播种时的土壤湿度

五、穴播机安全使用技术

玉米的种植有平作与垄作两种种植方式。东北地区由于温度较低，常采用垄作，以提高地温。华北地区常因雨水少且分布不均而采用平作。无论采用哪种种植方式，播种方法主要采用穴播，即一穴一粒或一穴多粒。

玉米精量播种，采用一穴播一粒种子，省去了出苗后的间苗工作，可减少用种、用工量，是当前玉米播种机的发展方向。

实施玉米精量播种要注意以下事项。

① 选用肥、水条件好的土壤。土壤肥、水条件好，能保证玉米种子顺利发芽、出苗，以免出现不出苗现象。

② 种子精选及拌药。精量播种时由于只播 1 粒种子，为防止不出苗情况的发生，必须在播种前对种子进行清选，剔除瘪种和土块等杂物，使种子纯净度达到 98%以上，发芽率在 98%以上。同时，在播种时，还要用防黑粉病和地下害虫的药物进行拌种（即对种子进行拌药处理），以防病虫对种子的侵害。

③ 适时播种。适时播种是保证出苗整齐的重要措施，精播玉米因为播量少，更应注意播种时的土壤温度与湿度。一般当地下 100mm 处地温在 8～12℃，0～100mm 土壤混合样品的含水量在 14%左右时，即可进行播种。

④ 性能良好的复式精密播种机。选择性能良好的复式精量播种机，实现一穴一粒种子，保证工作性能可靠、不伤种、不漏播，使播量、行距、株距、播深、施肥、镇压等符合要求。

a. 合理的种植密度是提高单位面积产量的主要因素之一，各地应按照当地的玉米品种特性，选定合适的播种量，保证单位面积株数符合农艺要求。

b. 播深要一致。播深或覆土深度一般为 4～5cm，误差不大于 1cm。干旱时播种宜深不宜浅，墒情好时或黏土地宜浅不宜深。覆土要均匀严密，应尽量避免茬头和秸秆覆到种带上。

c. 株距要一致。株距合格率≥80%。苗带直线性要好，种子左右偏差不大于 4cm，以便于田间管理。

d. 种与肥要分开播施，以免烧种。近年来，研制开发的化肥深施和缓释技术，通过在化肥颗粒表层涂布缓释剂，再在播种时用机械施入地表之下 60～80mm 土层之中，有效地提高了化肥利用率，并能达到全生育期肥分均衡释放。玉米播种机械应能保证种肥定位隔离，将肥料施于种下 30～60mm 或种侧 40～50mm（具体位置根据施肥量大小而定），种与肥之间要有 30mm 的土壤隔离层，以避免烧种现象发生。

e. 播后镇压。可使种子与土壤紧密接触，有利于种子吸水萌发。一般墒情好、土壤黏重时，应等地表面稍干时再镇压；墒情差、沙土地，应于播后立即镇压。春旱时要加大镇压压力。

⑤ 化学除草。播种后出苗前要喷施化学药剂，进行除草。以免杂草与玉米苗争抢养分，而导致苗弱。

（一）免耕气吸施肥播种机

图 3-2 为免耕气吸施肥播种机，在机架前梁上装有防缠开沟器，在麦茬地作业时起到防堵的作用。播种机构为单体驱动，每个播种总成在拖拉机的牵引下均能独立完成开沟、排种、排肥、覆土、镇压等全部播种工艺，播种行距可根据需要进行调整。

图 3-2 免耕气吸施肥播种机

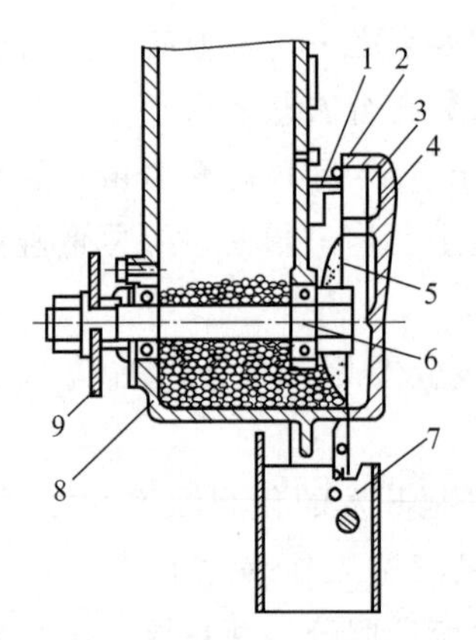

图 3-3 气吸式排种器

1—刮种器；2—排种盘；3—真空室；4—吸气盖；5—搅拌器；6—排种轴；7—导种管；8—种子杯；9—传动链轮

该机采用气吸式排种机构，可实现一穴一粒的精量播种。气吸式排种器的结构如图 3-3 所示。种子箱下部为种子室，排种器为一个四周均布有吸孔的平面圆盘，垂直配置于种子室中，盘的正面与种子室中的种子接触，背面与真空室相连，真空室与风机吸风口连接。工作时，种子箱中的种子靠自重充满种子室，排种轴带动排种盘旋转，橡胶搅拌器随排种盘转动，搅拌种子，防止架空。风机产生的负压使排种盘两侧产生压力差，将种子吸附在排种盘的吸孔上，并随之旋转。吸种孔在两个刮种器之间通过时，刮去多余的种子，每孔只保留一粒种子，当种子转出真空室后，随着负压结束，种子不再被吸附，种子靠自身重量落入种沟。

（二）免耕气吸施肥播种机的安全使用技术

1. 使用注意事项

① 挂接播种机过程中，防止可能造成对操作者四肢的压挤创伤，操作者应时刻注意机组的稳定性及各构件可能的运动伤人危险性，及时调整自身位置。

② 种子清选并进行拌药处理后装箱。肥料应严格按规定过筛，严禁有铁钉、石块等杂物混入肥箱。

③ 播种时，地轮落地后机架应前后左右保持水平。

④ 播种时要注意检查开沟器底部是否堵塞、缠草，若有故障及时停车排除。

⑤ 工作中拖拉机应匀速直行。拖拉机的油门应放在适当位置，以保证风机有足够吸种负压，使排种器无空穴。

⑥ 开沟器未升起时，不允许进行倒退和转弯。播种机上的各种安全防护装置作业时严禁拆下，以免发生危险。

⑦ 工作中遇到异常时，应停车排除。当拖拉机悬起农具进行维护、调整或更换易损件时，必须先用可靠支撑物支承农具，并检查其稳定性，以免农具降落对操作者造成人身伤害。

2. 机具的保养与保管

必须重视对机具的保养，只有认真执行保养规定，才能减少机器产生故障，表现出工作效率高的机械作业优点。

（1）在使用中的保养

① 出厂前，各转动副已经注入了润滑剂，在正常情况使用 40h 后，应注意给风机加注锂基润滑脂，加注量为容腔的 1/3～2/3。

② 每天作业结束后应清除机具上的泥土、清理肥箱内肥料、各活动关节加注润滑油。

③ 每班作业前后，均应检查各部位的紧固件，尤其是各个调整紧固螺栓、螺钉，如有松动，及时紧固。

④ 经常检查各转动部位是否灵活，遇有异常，及时处理。

⑤ 长期不用时，要及时入库。机具应注意防止雨淋，避免与酸性物质接触，以免腐蚀。开沟器应涂上废机油，以防锈蚀。

（2）入库停放前的保养

① 拆下风机皮带，单独保存，勿沾油污，以免腐蚀。清除种子箱内的种子及肥箱里的剩余肥料。

② 彻底清除机具表面的泥污。卸下各传动链条，用柴油清洗干净后涂机油防锈，并包好封存。

③ 检查机具的磨损、变形、损坏、缺件情况及轴承、轴套的间隙，并及时调整，采购配件，使下一次的播种工作有保证。

④ 将机架、罩壳等脱漆处补刷防锈油漆。

⑤ 机具要存放在库房内，防日晒，防雨淋。

3. 常见故障与排除方法

免耕气吸施肥播种机的常见故障及排除方法见表 3-2。

表 3-2　免耕气吸施肥播种机的常见故障及排除方法

故障现象	原因分析	排除方法
空穴率高	①发动机转速低 ②管路密封性差 ③排种盘不平 ④清种器位置不对	①适当加大油门 ②拧紧接头处卡子 ③调整或更换排种盘 ④调整清种器位置
单粒率低	清种器位置不对	调整清种器位置
排种器完全不排种	①风机风量不足 ②气室不密封	①保持风速足够并稳定 ②检查漏风处并排除
播种深度不稳定	①开沟仿形机构不灵敏 ②开沟器磨损 ③覆土板磨损 ④深浅调节丝杠严重锈蚀不能调整 ⑤覆土器拉力弹簧弹力减弱	对磨损、锈蚀、损坏的零件进行修复或更换

六、马铃薯施肥种植机安全使用技术

图 3-4 为马铃薯施肥种植机，可一次完成开沟、施肥、播种、覆土、镇压作业。

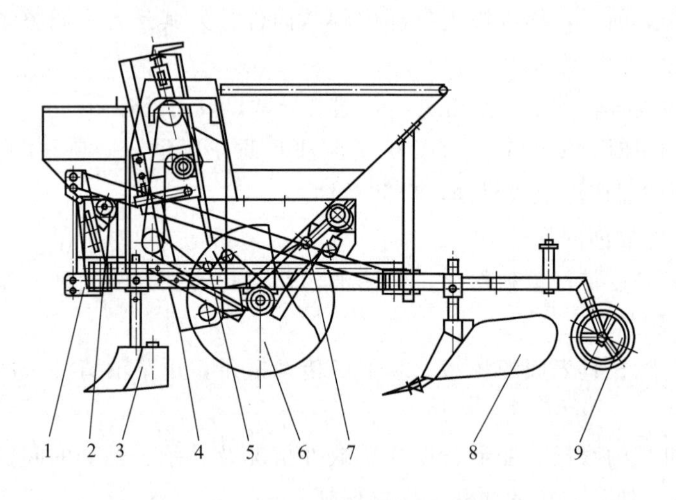

图 3-4　马铃薯施肥种植机

1—机架；2—肥箱及施肥装置；3—复合开沟器；4—种箱及播种架；5—传动装置；6—地轮；7—清种装置；8—覆土铧；9—镇压轮

为保证出苗质量，薯种要事先进行分机，选用尺寸为大于 30mm 且小于 50mm 的薯种为宜，这样能为幼苗提供足够的营养。取种勺的尺寸也按此设计。

种箱内的薯种通过安装在取种带上的小勺逐个连续舀取，然后随上、下升运轮的转动，将薯种运送到取种带最高位置，此时小勺翻转 90°后将薯种倾倒在同列安装的前一个勺的外底面，当此“前一个勺”运动到取种带最低位置时，将薯种从播种架槽板中脱出后落入种植沟内，从而实现了薯种的种植。

（一）调整

调整项目有垄距调整、株距调整、精量播种调整、施肥量调整、种植深度及垄形调整。

（二）保养

① 检查各部件的连接及运动情况，是否正常。

② 检查链条和皮带的张紧度，不符合要求时要调整张紧装置到正确状态。

③ 各连接部件若有松动需及时紧固锁紧。

④ 按机具使用要求，对运动部件进行润滑。

（三）常见故障及排除

马铃薯播种机常见故障及排除方法见表 3-3。

表 3-3　马铃薯播种机常见故障及排除方法

故障现象	原因分析	排除方法
漏种率高	①取种带松动或因种块卡住而打滑 ②链轮齿脱链打滑 ③取种勺取不上种 ④供种流量不足 ⑤电机振动力过大 ⑥播种速度过快，拖拉机行驶速度超过 7km/h	①转动播种架上端把手，调整张紧弹簧，清除卡块 ②调整链条张紧 ③种子过大，进行种子分级 ④调整闸板位置角 ⑤向下移动控制手轮 ⑥保持拖拉机行进速度在 5km/h 以内
重种率高	①取种勺取种过多 ②电机停振 ③电机振动力不足	①种子过小，进行种子分级，使得尺寸在 30～50mm 之间 ②检查供电线路 ③向上移动控制手轮
施肥量不匀	①肥料潮湿，易在肥箱中架空 ②顺肥管堵塞 ③外槽轮位置不合适	①更换干燥肥料 ②疏通顺肥管 ③调整外槽轮位置
播种与施肥深度不匀	①土地不平整 ②入土角不合适，拖拉机与种植机的悬挂系统不稳定 ③开沟器深度不合适 ④土壤有土块	①用整地机械将土壤平整 ②调整悬挂上、下拉杆长度，保持系统稳定 ③调整开沟深度 ④用整地机械将土块破碎、整平

续表

故障现象	原因分析	排除方法
有尖锐噪声	①运动部件缺润滑油 ②连接件出现松动剐蹭	①加注润滑油 ②紧固连接件,消除剐蹭

七、秧苗移栽机安全使用技术

秧苗移栽，可以充分利用光、温、水、气等条件，提高产量，因此秧苗移栽机得到研究和应用，提高了生产机械化水平。

（一）秧苗移栽机的类型

① 按照秧苗的栽植形态，分为裸苗栽植机和钵苗栽植机。

② 按照自动化程度，分为手动、半自动和全自动栽植机。

③ 按照栽植器机构的类型，分为钳夹式、挠性圆盘式、吊篮式、导苗管式和鸭嘴式。

（二）工作原理

(1) 钳夹式移栽机的工作原理　人工将秧苗夹在转动的钳夹上，秧苗随着栽植盘运动，当到达栽植位置时，苗夹由控制机构打开，使秧苗落入苗沟中，然后覆土，完成移栽作业。钳夹式移栽机的结构如图 3-5 所示。主要工作部件有栽植盘、摆指、转指、扭转弹簧、凸轮和橡胶弹性秧爪。

(2) 挠性圆盘式移栽机的工作原理　由两片可变形的挠性圆盘夹持秧苗，人工将秧苗喂入植苗输送带的槽内，输送带将秧苗喂入栽植器中，当栽植器运动到栽植位置时，把秧苗栽入开沟器开出的沟中。主要工作部件有电子监测器、植苗输送带和植苗挠性圆盘。

(3) 吊篮式移栽机的工作原理　人工将秧苗放入旋转到上方的吊篮内，栽植器随偏心圆盘转动到最低点时，固定滑道使栽植器下部打开，钵苗落入沟内，随后覆土，完成移栽作业。主要工作部件有吊篮式喂苗机构和偏心圆盘等。

(4) 导苗管式移栽机的工作原理　由喂苗机构间歇向导苗管投苗，秧苗在苗管内做自由落体运动，进入开沟器开出的苗沟中，并覆土完成移栽。主要工作部件有导苗管。

(5) 鸭嘴式移栽机的工作原理　由喂苗盘将秧苗喂入鸭嘴式栽植器中，栽植器在多杆机构带动下完成开穴、栽植、回转等工作，随后镇压轮覆土完成移栽作业。主要工作部件有鸭嘴栽植器、多杆式驱动机构和喂苗盘。

（三）钳夹式秧苗移栽机

钳夹式秧苗移栽机的结构如图 3-5 所示。主要由牵引机架总成、传动系统、栽种器总成、苗盘架及减震器等组成。其中，更换机架横梁的长短，可安装多个栽种器总成，实现多行栽种作业，配套不同工作机件，还能完成浇水、喷药、覆膜等多种作业。该移栽机每小时可移栽 5000～8000 株，每天可实现栽植 30 亩以上（单机头计算）。如果使用三机头移栽机，每天可实现移栽 100 亩以上。移栽费用大大降低，作物生长成熟期一致，便于田间管理，产量增加，经济效益明显提高。

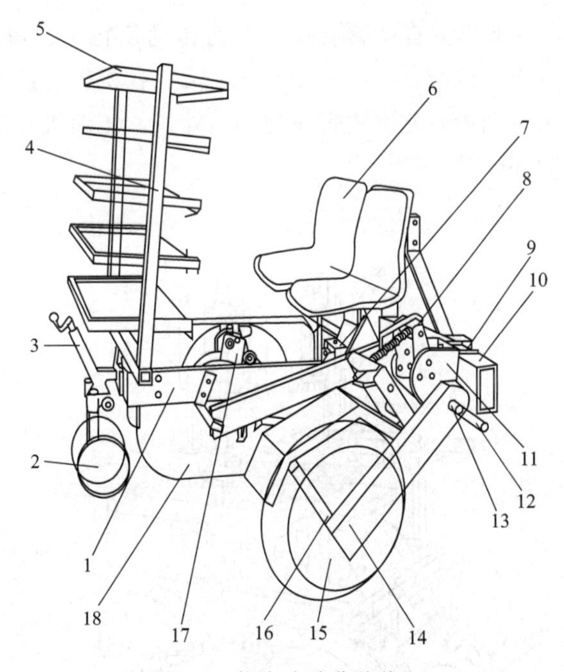

图 3-5　钳夹式秧苗移栽机

1—连接板；2—覆土镇压轮；3—覆土调整器；4—苗盘架；5—苗盘；6—座椅；7，8—支架；9—U 形螺栓；10—牵引架总成；11—苗深调节器；12—传动轴；13—链轮 Zb；14—链轮 Za；15—地轮；16—主动轮支架；17—轴；18—栽种器总成

工作时该机器悬挂于拖拉机上，由拖拉机牵引移栽机进行工作。移栽机上的两地轮转动，通过链轮、链条和转动轴带动栽苗器旋转；利用偏心轮机构、连杆机构和凸轮机构使栽苗器钳嘴完成开穴、置苗工序，随后覆土轮进行覆土镇压工作，从而完成整个栽植过程。

该机主要适用于钵体植物苗、蔬菜苗、瓜果苗和块状种子（如土豆、芋头）等农作物的栽种，例如烟苗、茄子、甜菜、辣椒、西红柿、哈密瓜、菜花、莴笋、卷心菜、黄瓜、西瓜、玉米苗、红薯苗、甜叶菊、菊花和棉花等作物，都可用该机具栽植作业。该机既适应大面积多行农场栽植，又适合丘陵、大棚内秧苗的移栽，但使用该移栽机作业时必须在旋耕耙细后的土壤田内使用，否则将损坏机器。

（四）旱地膜上自动移栽机

可用于穴盘辣椒苗和番茄苗的种植，该机悬挂在拖拉机上，由拖拉机牵引行走作业。

1. 结构

如图 3-6 所示，旱地膜上自动移栽机主要由传动及行走、覆土、气路、移盘、取苗掷苗、投苗、打穴、栽植、镇压九个系统组成。在机架前部连装有牵引架、压缩机、储气罐、皮带轮和齿轮箱，皮带轮连动压缩机，压缩机与储气罐连通。皮带轮、齿轮箱、旋刀顺序连动。

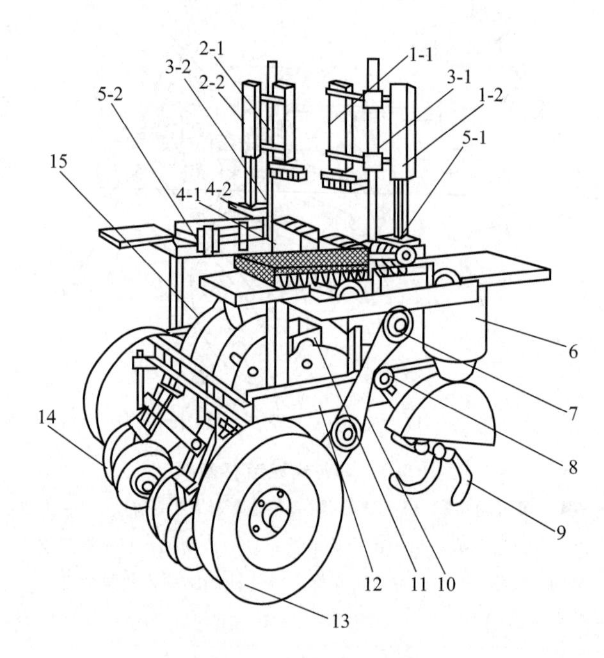

图 3-6 旱地膜上自动移栽机

1—取苗掷苗装置（机械手 1-1、1-2）；2—取苗掷苗装置（机械手 2-1、2-2）；3—间歇齿轮箱旋转轴（3-1、3-2）；4—分苗掷苗装置（4-1、4-2）；5—钵盘移动装置（5-1、5-2）；6—储气罐；7—间歇齿轮箱；8—张紧轮；9—覆土装置；10—链条；11—鸭嘴杯；12—机架；13—行走轮；14—镇压轮；15—移栽器

2. 工作过程

由拖拉机后动力输出轴带动移栽机前万向节传动轴转动，通过上变速箱输出动力带动气泵工作和覆土装置。打开 PLC 控制开关，PLC 工作，通过接近开关和电磁阀控制取苗掷苗机构的气缸、穴盘移动机构气缸和分苗箱控制开关气缸有序的工作。移栽机上的两地轮转动，通过链轮、链条和转动轴带动间歇齿轮箱的工作，取苗掷苗机构的旋转；利用偏心轮机构、连杆机构和凸轮机构使吊杯完成打孔、栽苗工序。

3. 性能特点

① 该机采用了机电气结合技术。将气压技术、PLC 控制技术和机械技术相结合，实现了无漏栽苗和伤苗现象发生，保证了秧苗移栽成活率，同时实现了移栽机自主栽苗，解决了人工移栽过程中的深浅不一、株距不均、移栽效率低的问题。

② 机具采用链轮链条传动，传动比可靠，移栽株距准确。通过调整链轮，可实现 180～350mm 株距的调整；调整苗深调节器上的调整丝杠，可实现 50～100mm 的栽植深度调整。

③ 移栽机每小时可移栽 8000～12000 株苗，每天可移栽 10～25 亩。

4. 常见故障及排除方法

旱地膜上自动栽植机常见故障及排除方法见表 3-4。

表 3-4　旱地膜上自动栽植机常见故障及排除方法

故障现象	原因分析	排除方法
钳嘴闭合不严	有土粘到钳嘴板上	清除钳嘴上的黏土
取苗执行器取苗不稳	取苗执行器的夹片上橡胶皮脱落	更换取苗执行器的夹片上橡胶皮
栽植过程出现大批漏苗	接近开关被其他杂质挡住	清除杂质

八、秧苗自动嫁接机安全使用技术

嫁接是无性繁殖中的营养生殖的一种技术，既能保持接穗品种的优良性状，又能利用砧木的有利特性。嫁接时应当使接穗与砧木的形成层紧密结合，以确保接穗成活。接上去的枝或芽，叫做接穗；被接的植物体，叫做砧木或台木。接穗时一般选用具有 2～4 个芽的苗，嫁接后成为植物体的上部或顶部，砧木嫁接后成为植物体的根系部分。

嫁接时，要使两个伤面的形成层靠近并扎紧在一起，因细胞增生，彼此愈合成为维管组织连接在一起的一个整体，这就是嫁接的原理。

人工嫁接，由于工作效率低和嫁接技术水平低，容易耽误嫁接时机，因此嫁接机械应需而生，图 3-7 所示为一种秧苗自动嫁接机。

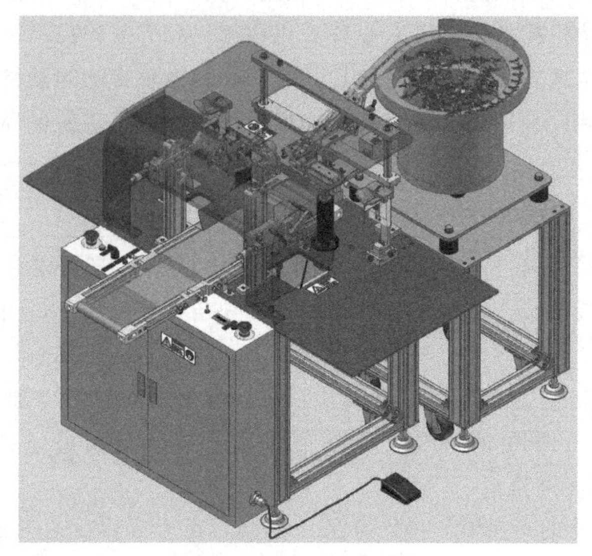

图 3-7　秧苗自动嫁接机

该机可完成瓜（如西瓜、黄瓜、甜瓜等）、茄（如茄子、番茄、辣椒等）类苗的自动嫁接，如图 3-8 所示。

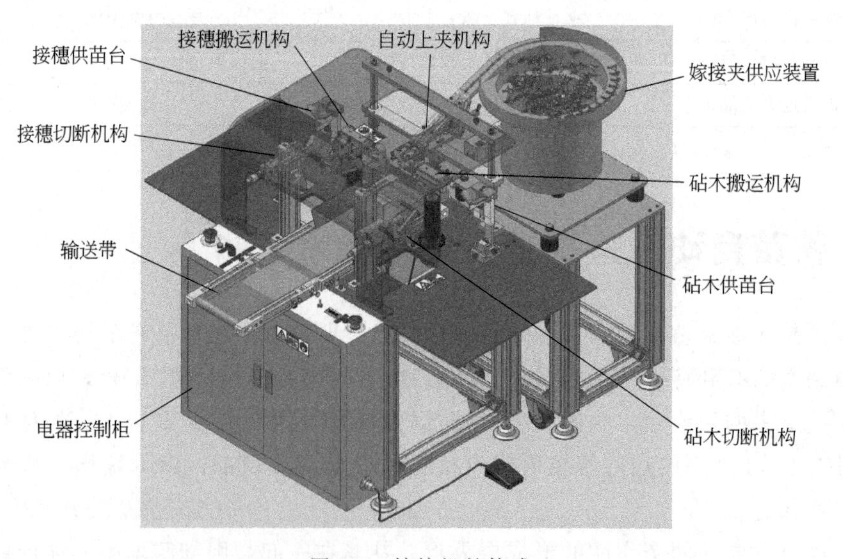

图 3-8　嫁接机的构成

该机由砧木夹持切削机构、接穗夹持切削机构、嫁接夹定向输送机构等组成。工作过程如图 3-9～图 3-12 所示。

① 秧苗的供应，如图 3-9 所示。

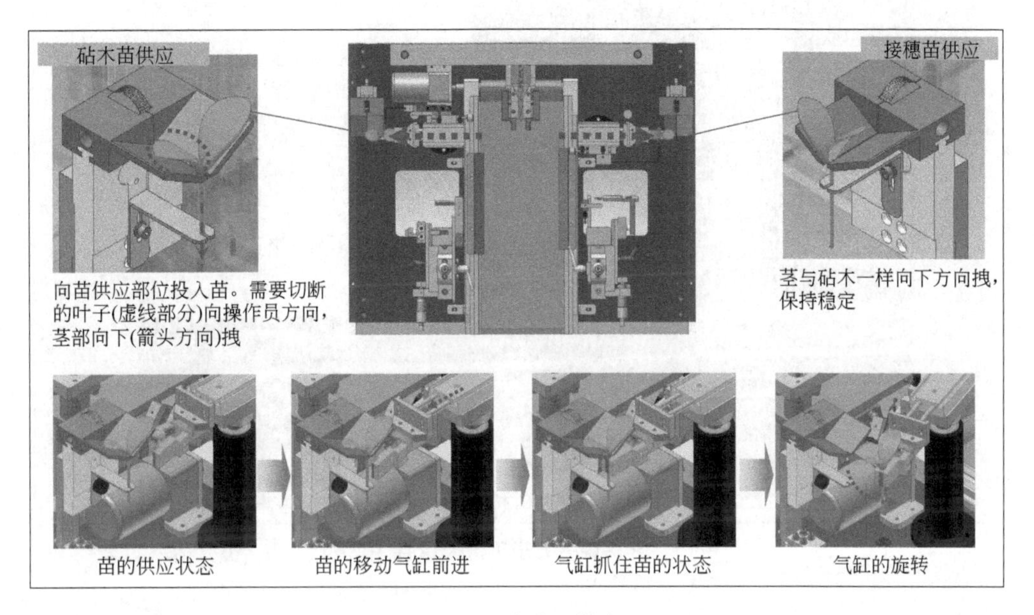

图 3-9　秧苗的供应

② 秧苗的切断，如图 3-10 所示。

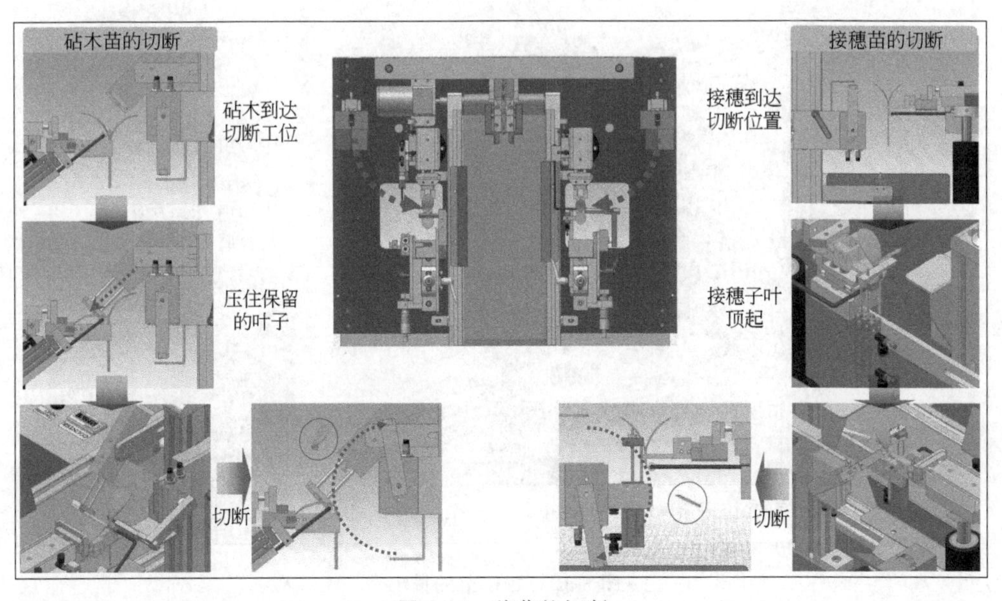

图 3-10　秧苗的切断

③ 用夹子钳住嫁接完毕的苗，如图 3-11 所示。

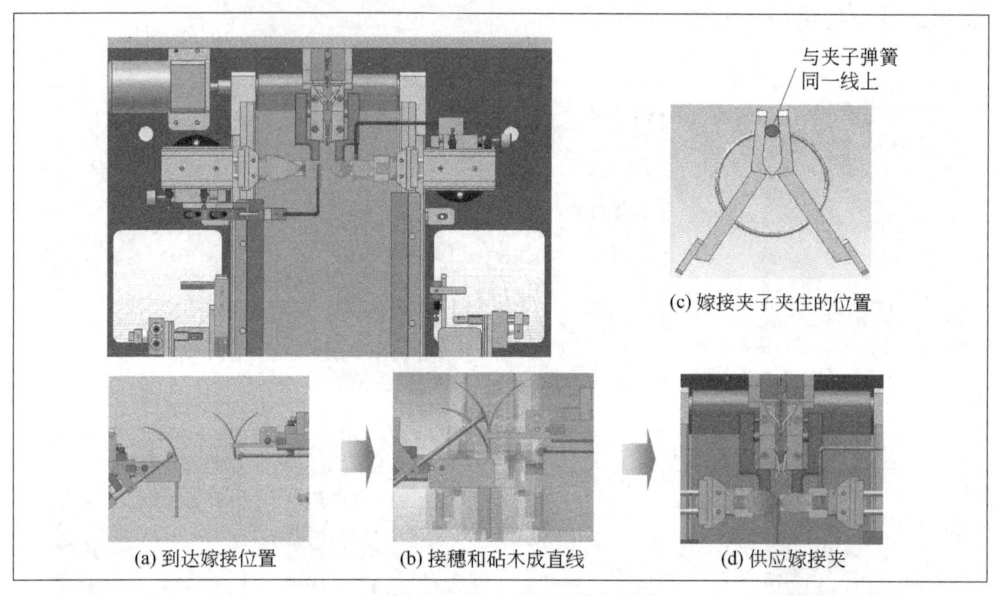

图 3-11 夹子供应及嫁接

④ 嫁接苗完成后，从嫁接机中排出，如图 3-12 所示。

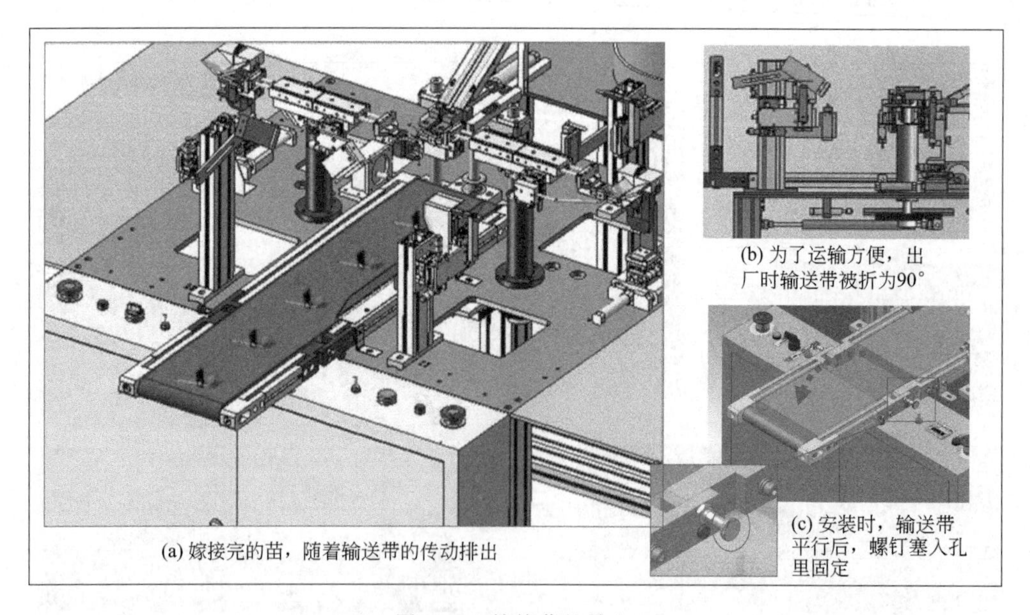

图 3-12 嫁接苗的排出

⑤ 该机常见故障及排除方法见表 3-5。

表 3-5 秧苗自动嫁接机常见故障及排除方法

故障现象	原因分析	排除方法
设备不运转或运转不正常	①无电源 ②无气源或气管断裂 ③电压不符合要求 ④压缩空气压力不符合要求	①连接电源 ②连接气源或更换气管 ③连接规定的电压 ④检修空气压缩机
空气压缩机里有水分	设备使用前没有清理气阀	设备使用前清理气阀，保证供应干净的空气
设备的振动和噪声大	①回转或启动部件里有异物或者灰尘多 ②空气压力比规定压力大	①设备使用前后保持清洁 ②空气压力调整为规定压力

思考题

1. 调研当地使用的种植机械有哪些类型？
2. 这些种植机械的安全使用技术分别是什么？
3. 这些种植机械的维护保养项目分别有哪些？
4. 调查当地在种植机械使用方面存在哪些问题？你有何建议？

单元四 植保机械安全使用技术

农作物在生长过程中，会受到病菌、害虫与杂草的危害，如果不及时进行预防和治疗，会导致品质变差、产量降低，严重的会造成颗粒无收。因此，做好对病虫草害的防治工作，是保证农业生产实现稳产、高产的措施之一。对农作物的病虫草害的防治工作，称为植物保护。

一、防治病虫草害的方法

同病虫草害的斗争方法从古代的求助神灵、人工扑打、人力锄草到后来的喷撒化学农药，其间经历了漫长的历史阶段和对各种方式的探索，包括物理机械的、农耕的、化学的、生物的，以及综合防治的方法。与农作物的病虫草害作斗争是自从农耕以来就面临的挑战，至今也是一个没有完结的任务，当前用到的一些防治方法如下所述。

（一）农业技术防治

农业技术防治包括：选育抗病虫草害的品种；增施有机肥及化学肥料，以增强作物抵抗病虫草害的能力；选择合理的播种期和及时、迅速地收割，以避开病虫草害；实行合理轮作，避免因同一种作物连续种植所带来的依附性病虫草害。

（二）物理防治

利用物理方法和相应工具来防治病虫草害，如机械扑打、果实套袋、药液浸种、利用黑光灯诱杀害虫和用锄头锄草等。

（三）生物防治

通过大量培育寄生虫蜂、微生物和益鸟等害虫的天敌，来消灭病虫害。如用赤眼蜂防治玉米螟和夜娥、培育能抗病的品种等，这种方法可减少农药残毒对农产品、空气和水的污染，因此日益受到重视。

（四）化学防治

通过喷施化学药剂来消灭病虫草害。这种方法生产效率高、防治效果好，因此应用广泛。

目前广泛应用的化学药剂有液剂和粉剂两种。喷施液剂的方法有喷雾法、弥雾法、超低量喷雾法和喷烟法，喷施粉剂则采用喷粉法。

(1) 喷雾法　喷雾法是对药液施加一定压力，通过喷头雾化成直径为150～300μm的雾滴，喷洒到作物上。这种方法能使雾滴喷射较远，散布均匀，沾着性好，受气候影响较小，但需要大量的水作溶剂，在干旱缺水地区的应用受到限制。由于要给药液加压，耗用功率较多。

(2) 弥雾法　弥雾法是利用高速气流将药液吹散、破碎、雾化成直径为100～150μm的雾滴，并吹到远方，沉降到作物上。这种方法雾滴细小、均匀，覆盖面积较大，节水、省药，但因雾滴细小，易受风、气温等的气候影响，因此要注意施药时的天气。

(3) 超低量喷雾法　超低量喷雾是通过高速旋转的齿盘，将微量原药液（一般低于$5L/hm^2$）甩出，雾滴直径为20～100μm，借助风力吹送、飘移、穿透、沉降到作物上。这种方法具有省水、省药、工作效率高、防治效果好的优点。但施药时要选用低毒药液，在温度较低、空气湿润的天气喷洒，并加强安全防护工作。

(4) 喷烟法　喷烟法是利用高温气流使预热后的烟剂发生热裂变，形成烟雾，喷出直径为5～20μm的雾滴，悬浮在空气中，弥散到各处。这种方法适用于果树、森林等大面积的病虫害防治，也可用于仓库消毒和虫害防治。

(5) 喷粉法　喷粉法是利用高速气流使药粉通过喷粉头喷出，弥散到作物上。这种方法不用水，使用简便，但用药量大、黏附性差，受气候影响较大。宜在温度较低、空气湿润的天气喷施。

（五）综合防治

就是将上述多种方法加以综合应用，对病虫草害进行的防治。

二、植保机械的类型

通常将化学药剂防治所用的机械称为植物保护机械，简称植保机械。

植保机械一般有3种分类方法：按照施药方法不同，可分为喷雾机、弥雾机、超低量喷雾机、喷烟机和喷粉机；按照动力不同，可以分为手动式、电动式和机动式；按照机器配置方式不同，可以分为肩挂式、背负式、手推式、担架式、悬挂式、牵引式和自走式等。

以上都是地面植保机械，此外还有航空植保机械，在大面积防治病虫草害时，它较地面防治具有及时、经济、不受地形条件限制等优点，近年来植保无人机得到推广应用。

三、手动喷雾器的安全使用技术

手动喷雾器是用人力来喷洒药液的一种植保机械，它具有结构简单、使用方便、适用性较广的特点。可用于防治旱地、水田、丘陵山区和设施内的作物的病虫草害，以及防治仓库病虫害和卫生防疫。目前我国生产的手动喷雾器主要有背负式喷雾器、压缩式喷雾器、单管喷雾器、吹雾器和踏板式喷雾器。

（一）背负式喷雾器

空气室外置的背负式喷雾器如图4-1(a)所示，由药液箱、泵筒、空气室、出水管、手柄开关、喷杆、喷头、摇杆部件和背带系统组成。空气室的作用是储存药液，保持喷雾压力稳定和连续喷雾。

为减少外置式空气室的药液滴漏污染现象，新型背负式喷雾器均将空气室置于药液筒内并与泵筒合并为一体，如图4-1(b)所示。

药液箱横截面呈腰子形，便于背负。药液箱壁上标有水位线。加液口、开关和手把处都设有滤网，以阻止杂物进入喷雾器，堵塞喷头。活塞泵由泵筒（唧筒）、塞杆、皮碗、进水阀、出水阀、吸水管和空气室等组成。泵筒、泵盖、空气室、进水阀座、出水阀座由工程塑料制成，耐农药腐蚀。药液箱应与大气相通，但药液应不能溢洒出桶外。

喷洒部件由套管、喷杆、开关、喷雾软管和喷头等组成。喷头可采用切向离心式喷头。

工作时，操作人员将注入药液的喷雾器背在身后，通过手摇杆带动活塞在泵筒内上下移动。摇杆上提时液泵容积增大，进液阀打开，出液阀关闭，药液吸入泵筒

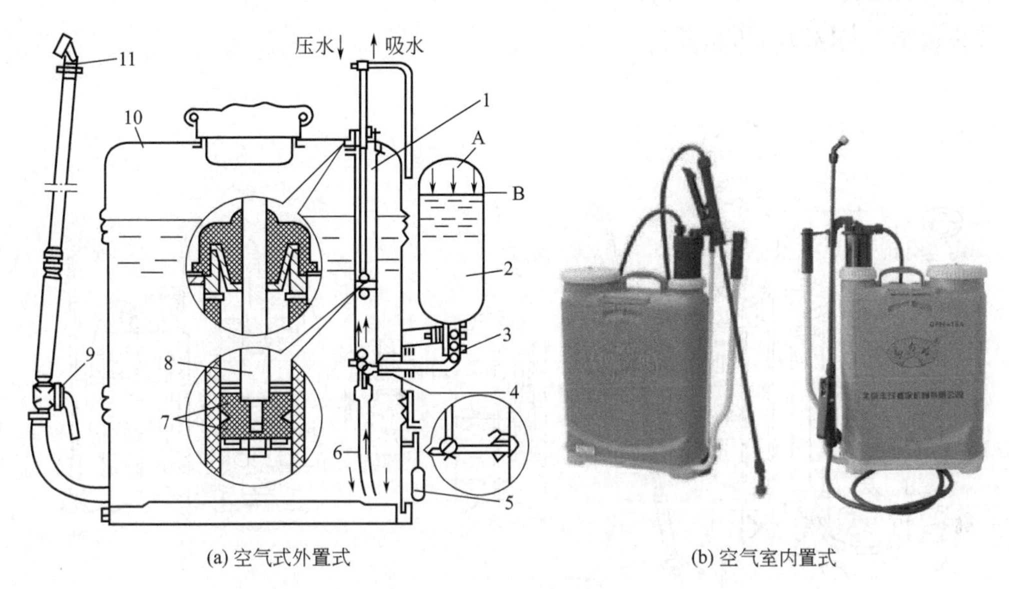

(a) 空气式外置式　　(b) 空气室内置式

图 4-1　背负式喷雾器

1—泵筒；2—空气室；3—出水阀；4—进水阀；5—摇杆；6—吸水管；7—皮碗；8—塞杆；9—开关；10—药液桶；11—喷头；A—压缩空气室；B—安全水位线

内。摇杆下压时液泵容积变小，进液阀关闭，出液阀打开，药液压入空气（稳压）室，压缩室内空气使压力逐渐升高（可达 800kPa）。按动手摇杆数次后，感到费力时，便可打开喷杆上的开关后，药液通过喷头的喷孔，呈雾化或细小的雾滴喷洒到作物上。

空气室是一个密闭的容器，其作用是使药液获得稳定而均匀的压力，减少因泵间断地排液而造成的压力脉动，保证喷雾雾流稳定。

（二）压缩式喷雾器

压缩式喷雾器是靠预先压缩的气体使药液桶中的液体具有压力。在喷雾前需用气泵预先将空气压入密闭药箱的上部，对液面加压，然后再经喷洒部件把药液喷出。它不是持续加压，而是间歇式加压，当喷雾进行到压力下降时即需要再次加压，所以也称为预压式喷雾器。为保证压缩式喷雾器较长时间内排液压力稳定，药液只能加到水位线，留出约 30% 的药箱容积用于压缩空气。

按喷雾器的携带方式不同，可分为肩挂式和手提式两种。图 4-2 所示为肩挂式，它由打气泵、药液桶和喷洒部件等组成。其特点是气室容积较小，为 7L（肩挂式的喷雾器容量一般在 10L 以下）。每加一次药液，打气 2～3 次可喷完，适用于小面积的矮生农作物喷洒药液，如棉花、蔬菜、烟草、茶树等，也可用于卫生防疫和仓库、大棚防治病虫害。

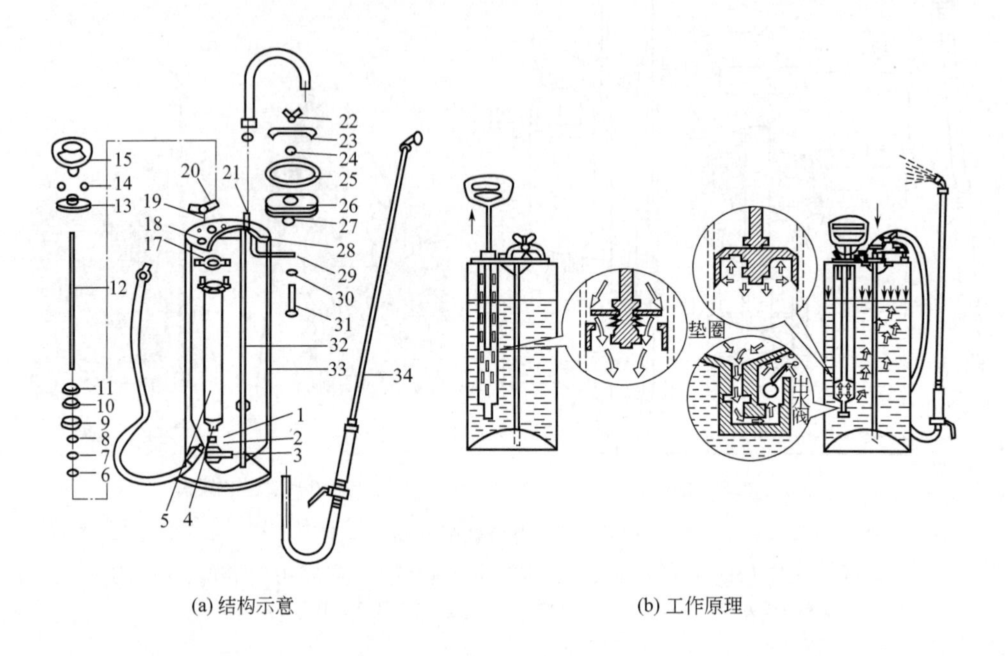

(a) 结构示意　　(b) 工作原理

图 4-2　肩挂压缩式喷雾器

1—阀销；2—钢球；3—出气阀体；4,27,30—垫圈；5—泵筒；6,11,24—方螺母；7—弹簧垫圈；8—小垫圈；9—皮碗；10—大垫圈；12—塞杆；13—压盖；14—螺母；15—手柄；16—背带；17—垫片；18—放气螺钉；19—放气螺钉皮垫；20—放气螺母；21—出水管接头；22—拉紧螺母；23—横梁；25—加水盖胶垫圈；26—加水垫；28—加强角铁；29—链条；31—拉紧螺栓；32—出水套；33—药液桶；34—喷洒部件

气泵由泵筒、塞杆和出气阀等组成。泵筒用焊接钢管制造，要求内壁光滑、密封性好。泵筒底部安装有出气阀。出气阀应密封可靠，保证打气筒在进气时药液不进入泵筒内部，塞杆下端装有垫圈、皮碗等零件。

药液桶由桶身、加水盖、出水管、背带等组成。桶身采用薄钢板制造，除储存药液外还起空气室的作用，要求能承受一定压力并能密封。桶身上标有水位线，以控制加液量。

工作时，先将药液桶置于地面，用手将喷雾器塞杆上拉，泵筒内皮碗下方空气变稀薄，出气阀在吸力作用下关闭，此时皮碗上方的空气把皮碗压弯，空气通过皮碗上的小孔流入下方。当塞杆下压时，皮碗受到下方空气的作用紧抵着垫圈，空气向下压开出气阀而进入药液桶。如此不断地上下拉压塞杆，药液桶上部的压缩空气增多，压强增大，可产生 400～600kPa 的压力。这时打开开关，药液经喷头雾化喷出。

早期生产的压缩式喷雾器储气较少，工作压力较低，故工作效率较低，一般一桶药液需打气 2～3 次才能喷完。后期生产的压缩式喷雾器，桶身采用工程塑料，重量轻、抗腐蚀、容量大、工作压力高，一桶药液充气后可一次喷完，并采用了揿压式开关，安装了安全卸压阀，有过压保护功能。

（三）背负式喷雾器的安全使用

1. 使用前的检查

按照使用说明书的提示装配好喷雾器后，要先用清水进行试喷：在药箱内加入适量清水，操纵摇杆上下移动。检查各运动部件有无卡滞、各连接处有无渗漏（若有渗漏需拧紧连接件或更换垫圈）；检查液流雾化是否良好。常规喷雾时，使用孔径为 1.3mm 或 1.6mm 的喷孔片；进行低量喷雾时，使用孔径为 1.0mm 或 0.7mm 的喷孔片。喷孔片的孔径大时，喷雾量较大，雾点较粗；反之，则喷雾量小，雾点细。若在喷片下面增加垫圈，则涡流室变深、雾化锥角变小、射程变远、雾点变粗。

2. 药剂准备

严格按农药使用说明书的规定配制药液：乳剂农药应先放清水，再加入原液至规定浓度，搅拌、过滤后使用；可湿性粉剂农药应先将药粉调成糊状，然后加清水搅拌、过滤后使用。

3. 行走路线的确定

田间作业行走路线和喷药方向是根据风向来定的，如图 4-3 所示。从下风向开始喷洒，一般采用梭形作业法。最好选择在无风或微风的天气作业，风速过大不能喷药。

4. 操作要点

① 作业前在轴转动处加注适量润滑油。根据操作者身材，调整药液桶背带长度。

② 向药液桶内加注药液时，应将开关关闭，以免药液漏出，并用滤网过滤。加注药液不得超过桶壁上所示水位线位置，若加注过多，工作中泵盖处将出现溢漏现象。加注药液后，必须盖紧桶盖，以免作业时药液漏出或晃出。

③ 打药人员要戴口罩、手套，根据风向确定打药行走路线，以免药液沾到人体上造成过敏和中毒。一个操作者背负打药机打药的连续工作时间控制在 2h 左右，并且在打药时禁止吸烟和饮食，以免引起农药中毒。

背负作业时，应先揿动摇杆数次，使空气室内的气压达到工作压力（300～400kPa）后再打开开关，边喷雾边操纵摇杆。一般以每分钟揿动摇杆 18～25 次

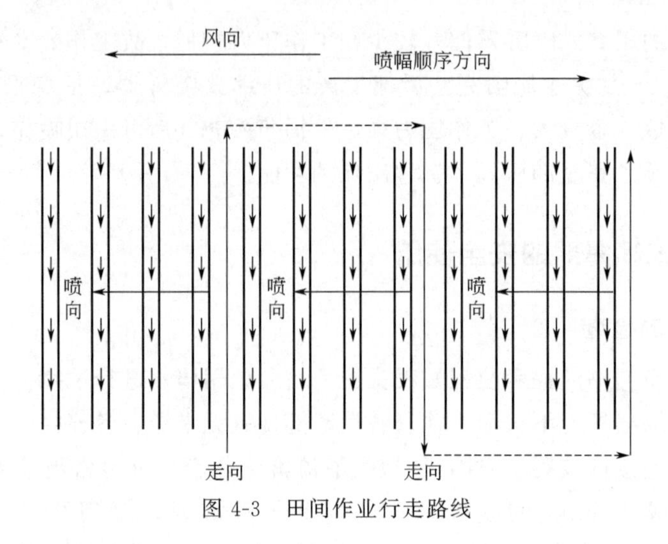

图 4-3 田间作业行走路线

（走 2～3 步摇杆上下揿动一次），活塞行程大于 60mm 时，即可保持正常的喷雾压力。

④ 当揿动摇杆感到沉重时，便不能过分用力，以免空气室爆炸。

⑤ 作业中，桶盖上的通气孔应保持畅通，以免药液桶内形成真空，影响药液的排出。

⑥ 背负作业时，不可过分弯腰，以防药液从桶盖处溢出流淌到身上。

5. 维护保养

喷雾器每天使用结束后，应倒出桶内的残余药液，并加少许清水喷洒，然后用清水清洗各部分，洗刷干净后放在室内通风干燥处存放。

喷洒除草剂后，必须将喷雾器（包括药液桶、喷杆、胶管和喷头）彻底清洗干净，以免在下次喷洒其他农药时对作物产生药害。

长期存放时，应将所有皮质垫圈浸足机油或动物油，以免干缩硬化。

6. 常见故障及排除方法

背负式喷雾器常见故障及排除方法见表 4-1。

表 4-1 背负式喷雾器常见故障及排除方法

故障现象	故障产生原因	排除方法
加压时，手压摇杆感到不吃力，喷雾压力不足	①进水球阀被污物搁起 ②皮塞破损 ③连接部位未装密封圈，或密封圈损坏漏气	①拆下进水球阀；用布清除搁集的污物 ②更换新皮塞。新皮塞必须用油浸透再装配 ③加装或更换密封圈

续表

故障现象	故障产生原因	排除方法
加压时，泵盖处漏水	①药液加得过满，超过了泵筒上的回水孔 ②皮碗损坏，药液进入泵筒上部	①将药液倒出一些，使药液在药箱水位线范围内 ②更换皮碗
喷头雾化不良	①喷头体的斜孔被污物堵塞 ②喷孔堵塞 ③套管内的滤网堵塞 ④进水球阀小球搁起	①疏通斜孔 ②拆开喷孔进行清洗，但不能使用铁丝、钢针等硬物，以免孔眼扩大 ③拆开清洗滤网 ④清除污物
开关漏水	①开关帽未旋紧 ②开关芯上垫圈磨损 ③开关芯表面油脂涂料少	①旋紧开关帽 ②更换垫圈 ③涂一层浓厚油脂
开关拧不动	放置日久或使用过久，开关芯因药剂侵蚀而粘住	拆下零件在煤油或柴油中清洗，拆卸有困难时，可在油中浸泡后再拆

四、弥雾喷粉机的安全使用技术

弥雾喷粉机只需要更换少量部件，便可完成弥雾、喷粉、喷洒粒剂（如化学肥料、播种草籽等）等多种作业，故又称多用机。该机可用于较大面积的农林作物病虫害的防治，如棉花、玉米、水稻、小麦、果树等病虫害防治，以及化学除草、叶面施肥、喷洒植物生长调节剂等工作。

（一）结构组成

如图 4-4 所示，弥雾喷粉机主要由机架、离心风机、汽油机、药箱和喷洒装置等组成。

主要技术参数：药箱容积为 14L，机器净重≤11.5kg，额定功率为 1.18kW/5000r/min，配套动力为 1E40F 汽油机，水平射程≥9m，垂直射程≥7m。

（1）机架　分为上下两部分，上机架用于安装药箱和油箱，下机架用来安装风机和发动机。为减轻机架振动，使操作人员背起来舒适，在机架和发动机之间装有减振装置。

（2）风机　风机用于产生高速气流，使药液雾化或将药粉吹散，并将之吹送到远方。该机采用小型高速离心风机，气流由叶轮轴的方向进入风机，获得能量后的高速气流沿叶轮圆周切线方向流出。风机出口通过弯管与喷射部件连接；风机的上方开有小的出风口，通过进风阀将部分气流引入药箱，弥雾时对药液加压，喷粉时对药粉进行搅拌和输送。

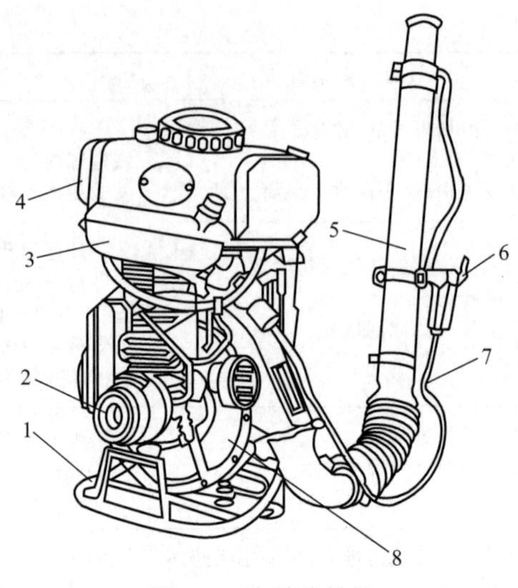

图 4-4 弥雾喷粉机

1—机架；2—发动机；3—油箱；4—药箱；5—喷管；6—药液开关；7—药液管；8—风机

（3）药箱　如图 4-5 所示，药箱用于储装药液或药粉，为便于药粉向出粉口流动，箱底做成倾斜状。箱盖配有橡胶密封圈，保证密封。箱底右侧装有出药阀门，左侧装有进风阀。弥雾时，药箱内装有送风加压组件；喷粉时，卸下加压组件，换装吹粉管。

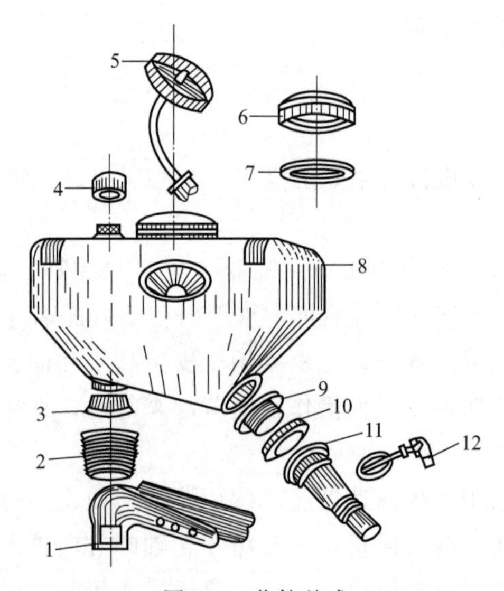

图 4-5 药箱总成

1—吹粉管；2—进风管；3—胶圈；4—灯座形盖；5—送风加压组件；6—药箱盖；7—密封圈；8—药箱；9—压紧螺母；10—粉门密封垫；11—药门体；12—出药阀门组合

送风加压组件由进气塞、进气管、出气塞盖和滤网组成，如图 4-6 所示。出气塞盖压装在滤网体上，构成气流换向室，从风机来的具有一定压力的气流通过进气管和滤网中心柱内孔进入换向室，碰到出气塞盖后改变方向进入药箱，对药液施加压力。

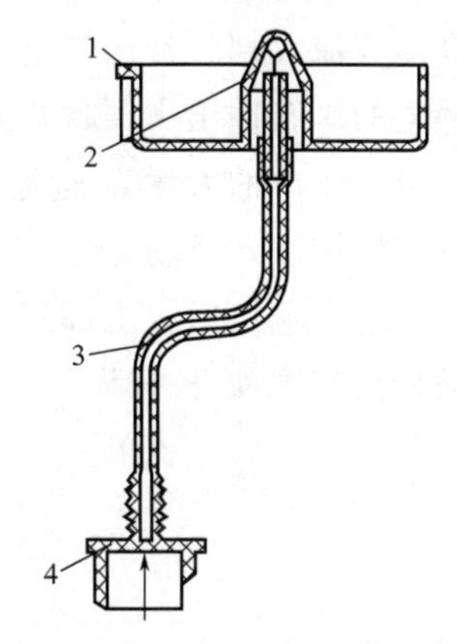

图 4-6 送风加压组件

1—滤网；2—出气塞盖；3—进气管；4—进气塞

(4) 喷射部件 喷射部件包括弥雾喷射部件和喷粉装置等。弥雾喷射部件由喷管组件、输液管和弥雾喷头组成，如图 4-7 所示。喷粉时，卸下弥雾喷射部件，换装喷粉装置，它由喷粉管组件和喷粉头组成，如图 4-8 所示。

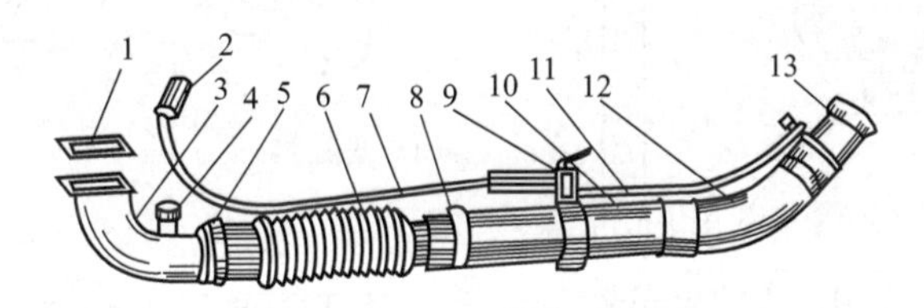

图 4-7 弥雾喷射部件

1—垫板；2—出水塞；3—弯头；4—胶管；5—卡环装置（一）；6—蛇形管；7—输液管（一）；8—卡环装置（二）；9—手把开关；10—直管；11—输液管（二）；12—弯管；13—喷头

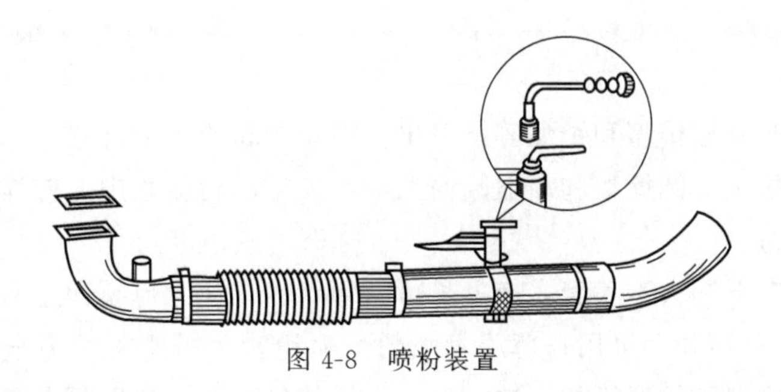

图 4-8 喷粉装置

（二）工作过程

1. 喷粉工作

喷粉工作过程如图 4-9 所示，药箱内安装松粉组件，且在粉门 5 和弯管 8 之间加接输粉管 7。喷粉是利用气流输粉和气流喷粉原理完成的，离心风机高速旋转产生的高速气流大部分经出口进入喷管，少部分经进风阀进入药箱内的吹粉管，然后从管壁上的小孔冲出来，将箱底药粉吹松扬起，向压力较低的出粉门推送。同时，从风机出口吹出的大量高速气流在经过弯管时使输粉管内形成一定的负压，在推、吸力双重作用下，药粉迅速进入喷管，被高速气流充分混合后，从喷头喷出。药箱底部的药粉被输出后，上部药粉借助机器的振动，不断沿倾斜箱壁下落。

喷粉头有宽幅喷粉头、远射程喷粉头和长塑料薄膜喷粉管 3 种，如图 4-10 所示。

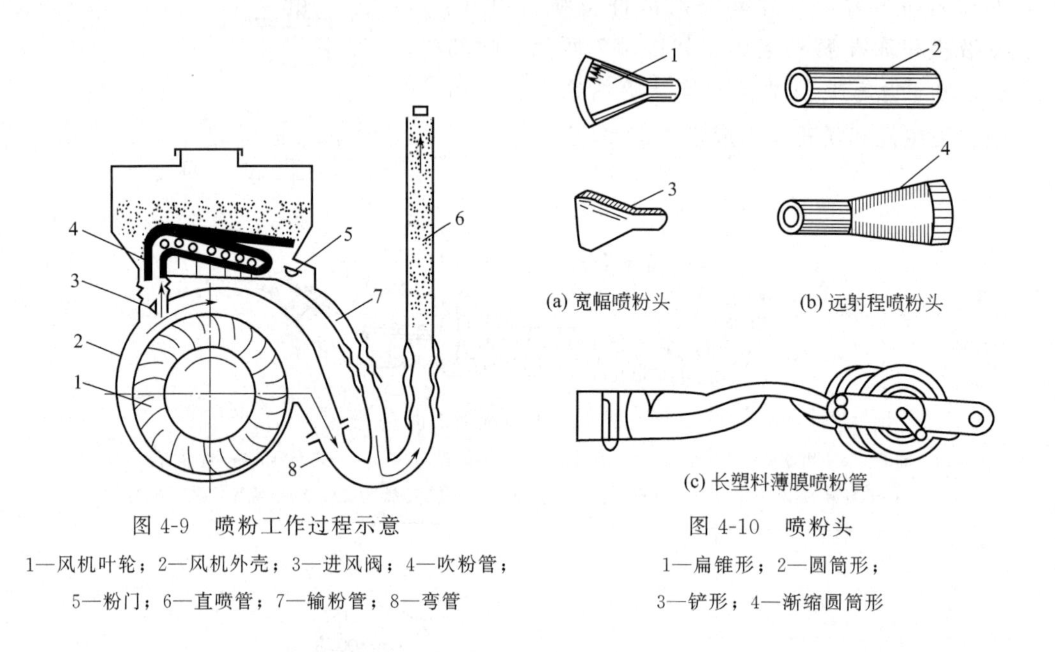

图 4-9 喷粉工作过程示意

1—风机叶轮；2—风机外壳；3—进风阀；4—吹粉管；5—粉门；6—直喷管；7—输粉管；8—弯管

图 4-10 喷粉头

1—扁锥形；2—圆筒形；3—铲形；4—渐缩圆筒形

宽幅喷粉头有扁锥型和铲型等，喷出宽而短的粉流，适于农田和菜园使用。

远射程喷粉头有圆筒型和渐缩圆筒型等，喷出的粉流集中，射程较远，适用于果园和森林喷撒。

在喷粉状态下卸去直喷管，换上长薄膜管组件（注意薄膜管上的喷粉小孔应朝地面），并用卡环箍紧即可用长薄膜管喷粉。喷粉时，需要两人协作，一人背机器并掌握油门、粉门和长喷管的一端，另一人拉住另一端，然后两人等速前进，由风机气流带出的药粉就能在薄膜管的全长内，从各喷孔中喷出。采用此法喷粉，可显著提高生产率，减少药粉损失，并能使靠近风口（用直管喷粉时）的作物免受药害和风害，适用于大面积宽幅喷撒。用于水稻喷粉时，操作人员可走在田埂上，不下水田。

2. 弥雾工作

弥雾工作过程如图 4-11 所示，药箱内装上送风加压组件 4、5、6，并在喷洒部分装上喷雾部件7、8和12，再在弯管内侧开口处，塞上胶塞11。弥雾是利用气压输液和高速气流雾化的原理完成的。

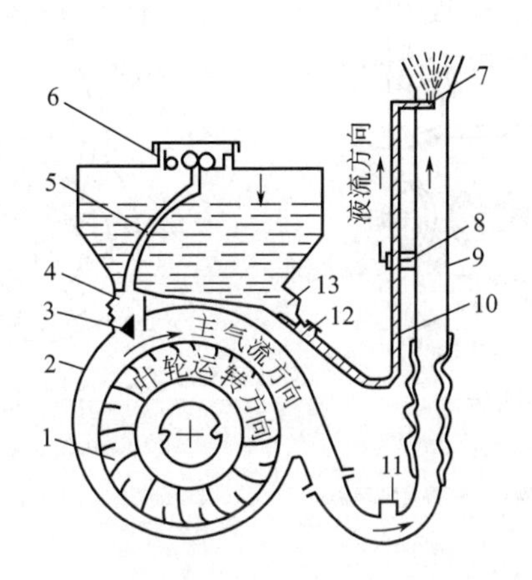

图4-11　弥雾工作过程示意

1—风机叶轮；2—风机外壳；3—进风阀；4—进气塞；5—增压管；6—滤网罩；7—弥雾喷头；8—药液开关；9—直喷管；10—输液管；11—胶塞；12—输液管接头；13—出药口（粉门）

工作时，离心风机在发动机带动下高速旋转（5000r/min），产生高速气流，其中大部分经风机出口进入喷管，少部分经进风阀和送风加压组件进入药箱上部，对药液加压。加压后的药液经出液口、输液管和把手开关从喷嘴流出，流出的药液在喷管吹来的高速气流冲击下，碎裂成很细的雾滴，从喷头喷出，被高速气流载送到远方，弥散沉降到植株上。

弥雾喷头由喷管和喷嘴组成，如图4-12所示，喷嘴装在喷管的喉管中央，有扭曲叶片式、阻流板式和高射式3种。

3. 超低量喷雾

在弥雾装置的情况下，取下弥雾喷头和手把开关，装上超低量喷头和调量开关手把（有四挡调节量），最后接上输液软管（如图4-13所示），开动机器，就可喷出超低容量的极细微的雾点。

风动超低量喷头的结构如图4-14所示，当风机的高速气流由喷管吹向喷口时，在分流锥周围呈环状喷出，流速进一步加快，吹动驱动叶轮，使雾化盘以10000r/min的转速旋转。药箱内的药液在进入药箱的气流压力下，沿输液管经调量开关流入空心喷嘴轴，从喷嘴轴径向小孔流出，进入前、后雾化齿盘的缝隙中，在高速旋转的雾化齿盘的离心力作用下，药液从雾化齿盘边缘齿尖抛出，破碎成细小的雾粒，再由喷口吹出的高速气流吹向远方。其有效射程在无风时可达10m，克服了电动超低量喷头射程小的缺点。

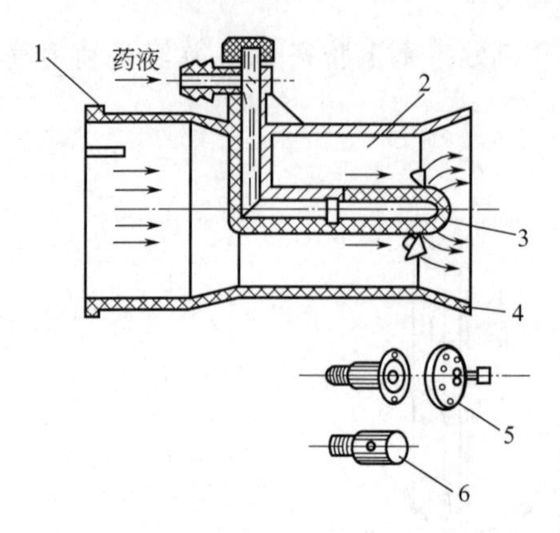

图 4-12 弥雾喷头

1—喷管；2—喉管；3—叶片式喷嘴；4—喷口；5—阻流板式喷嘴；6—高射喷嘴

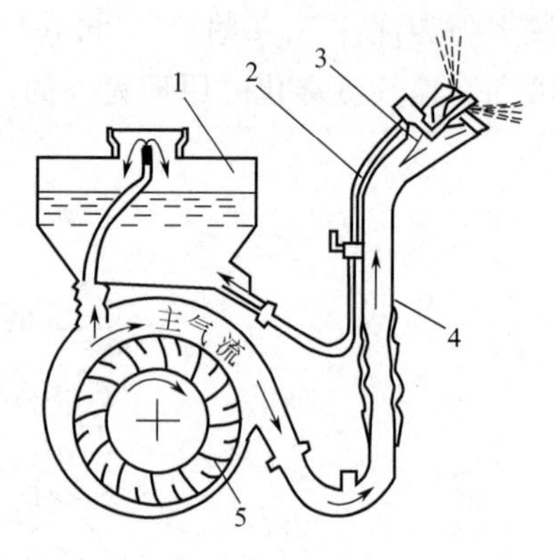

图 4-13 超低量喷雾工作过程示意

1—药箱；2—输液管；3—超低量喷头组件；4—直喷管；5—风机

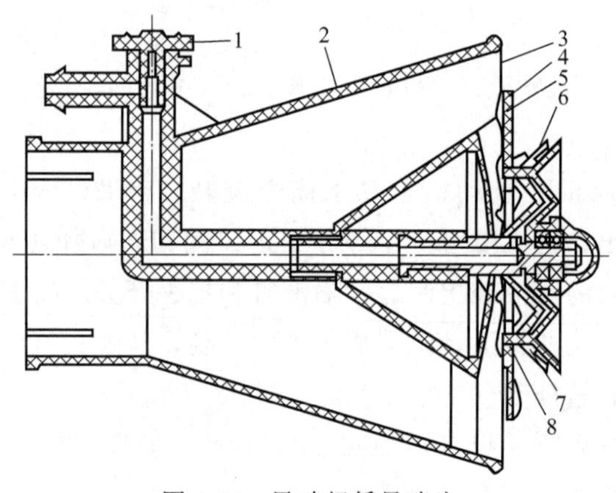

图 4-14 风动超低量喷头

1—调量开关；2—喷头；3—喷口；4—驱动叶轮；5—分流锥；6—小孔；7—齿盘组件；8—喷嘴轴

超低量喷雾时，必须根据防治对象、作物密度和高度、温度及自然风力大小等情况，选择适当的用药量、喷嘴流量、喷行间隔和行进速度，才能得到经济而有效的防治效果。风力应以 2～3 级为宜，无风或大于 3 级风时不要使用。使用时，行进方向应与风向交叉或垂直，并顺着风向喷洒，以免药剂沾污人体。

（三）弥雾喷粉机的安全使用

1. 弥雾喷粉机汽油发动机启动前的准备工作

① 检查各部件安装是否正确、牢固。

② 新机器或封存的机器首先要排除缸体内封存的机油。排除的方法是：卸下火花塞，用左手拇指稍微堵住火花塞孔，然后用启动绳拉几次，将多余的机油排除。

③ 检查发动机的压缩性能。用手转动启动轮，感觉在活塞接近上止点时转动费力，越过上止点后，曲轴能很快地自转一个角度（气缸中压缩气体迫使活塞下行），表明压缩系统正常。

④ 检查火花塞跳火情况。一般情况下，蓝火为正常。

2. 发动机启动

① 加燃油。采用单缸二冲程汽油机，应加注按照规定的比例配置的机油与汽油的混合油。为了安全防火，必须在停机的状态下进行加油。

② 打开燃油阀。

③ 将油门手柄上提 1/2～2/3。

④ 调整阻风门。冷天或第一次启动时关闭阻风门 2/3 左右；热机启动时，阻风门全开。

⑤ 按下加浓按钮至燃油从浮子室溢出。

⑥ 将启动绳按右旋方向绕在启动轮上，先缓拉几次使混合油雾进入气缸，然后平稳而迅速地拉动启动绳启动发动机。

⑦ 发动机启动后，将阻风门全部打开，同时调整油门，使汽油机低速运转 3～5min，待机器温度正常后再加大油门提高转速。新机器最初 4h 不要高速运转（约在 3500r/min 即可），以便磨合。

3. 喷药作业方法

（1）喷雾作业

① 将喷雾用的喷头、喷管等部件装好，使机器处于喷雾状态。

② 先用清水试喷一次，以检查各处有无渗漏现象。

③ 检查喷药量。单位面积的喷药量取决于行走速度和单位时间喷药量的大小，计算公式如下：

$$Q=\frac{V}{A}\times 10000$$

式中 Q——单位面积要求的喷药量，L/hm^2；

V——药箱有效容积，L；

A——一箱药液应喷洒的面积，m^2。

可以用清水进行喷药量测试，若测得一箱药液喷洒面积与计算结果不符时，应调整行走速度或药液开关的大小，直到相符为止，以防因药量过多造成药害或药量过少达不到防治效果。

④ 加注药液。加药时可以不停机，但发动机要处于怠速运转状态；加注的药液必须干净，以免堵塞喷嘴；加液不要过满，以免从过滤网出气口处溢进风机壳里。

⑤ 背起机具，调整油门使汽油机稳定在额定转速（5000r/min）左右，开启药液手把开关即可开始喷雾。

⑥ 喷药时，严格按预定的行进速度和喷量大小进行，并保持行进速度一致，以保证喷洒均匀。严禁停留在一处喷洒，以防对植物产生药害。应使喷洒方向与前进方向垂直，并顺风喷洒，以免药液侵害操作者，行走方法一般按梭形作业法，从下风向开始喷洒。

喷较高的树木时，应换用高速喷嘴；喷低矮作物时，可将弯管口朝下，防止药液向上飞扬。

（2）喷粉作业

① 把喷粉用的部件装好。

② 添加粉剂。关闭出粉门和药箱进风门后加粉，粉剂应干燥，不得含有杂草、杂物和结块，加粉后旋紧药盖。可以不停车加粉，但必须使发动机处于怠速运转工况。

③ 打开药箱进风门，背机后将油门开大，使汽油机稳定在额定转速左右，调整粉门进行喷粉作业。

使用长薄膜管喷粉时，应先将薄膜管从绞车上放出，再加大油门，使薄膜管吹鼓起来，然后调整粉门进行喷撒。为防止喷管末端存粉，前进中应随时抖动喷管。

（3）停止运转

① 先将喷门和药液开关闭合。

② 减小油门，使汽油机低速运转 3～5min 后将油门全部关闭，汽油机即停止运转，然后放下机器，关闭燃油阀。

4. 安全生产注意事项

在作业过程中，必须注意防中毒、防火、防机械事故发生，尤其对防中毒应十分重视。因该机喷洒的药剂浓度较手动喷雾器大，雾粒细，田间作业不当时，机具周围会形成一片雾云，很易吸进人体而引起中毒。

作业时，背机人应戴口罩，且要常换洗。无论是喷雾还是喷粉，都应采用顺风向喷施，避免顶风作业，禁止喷管在作业者前方以八字形摆动方式喷洒。背机时间不要过长，在一班作业时间中应 3～4 人轮流背负交替作业。发现有中毒症状时，应立即停止作业，及时医治。

5. 维护保养与保管

（1）维护保养

每天工作完毕，应按下述内容进行维护保养。

① 药箱内不得残存剩余药粉或药液。

② 清理机器表面的油污和灰尘，尤其是喷粉作业时更应勤擦。

③ 用清水洗刷药箱，尤其是橡胶件。汽油机切勿用水冲刷。

④ 检查各连接处是否有漏水和漏油现象，若有应及时排除。

⑤ 检查各部分螺钉是否松动、丢失，若有应及时拧紧和补齐。

⑥ 喷撒粉剂时，要每天清洗化油器和空气滤清器。

⑦ 长薄膜管内不得存粉，拆卸之前应空机运转 1～2min，将长管内的残粉吹净。

⑧ 保养后的机器应放在干燥通风处，避免日晒，切勿靠近火。

（2）保管

机器长期存放不用时，应按下述要求进行封存。

① 汽油机按说明书规定进行。

② 将机器全部拆开，清洗各零部件上的油污和灰尘。

③ 用碱水或肥皂水、清洗剂，清洗药箱、风机和输液管，然后用清水洗净。

④ 风机壳清洗干燥后，擦防锈黄油保护。

⑤ 各种塑料件不得长期暴晒、弯曲、挤压。所有橡胶件应仔细清洗，单独存放，避免变形。用塑料罩将其他物品盖好，放于干燥通风处。

6. 常见故障及排除方法

弥雾喷粉机的常见故障及排除方法见表 4-2。

表 4-2　弥雾喷粉机的常见故障及排除方法

故障现象	故障产生原因	排除方法
喷雾量少	①喷头堵塞 ②开关堵塞 ③加压软管脱落或扭转成螺旋状 ④药箱破裂或药箱盖漏气 ⑤进风阀未打开 ⑥发动机转速低	①旋下喷头清洗干净 ②拆下开关清洗转芯 ③重新安装 ④修补或更换药箱胶圈 ⑤打开进风阀 ⑥排除发动机故障，恢复发动机正常转速
输液管各接头漏液	塑料管连接处被药液泡软而松动	用铁丝扎紧或更换新管
药液进入风机	①药液过满，从加压软管流进风机 ②进气塞损坏漏药液	①药液不要加得过满 ②重新安装或更换新品
药箱漏水或跑粉	①药箱盖未旋紧 ②胶圈损坏或未垫正	①把药箱盖放正并旋紧 ②更换或重新装正
不出粉	①粉过湿 ②未装吹粉管 ③吹粉管脱落或堵塞 ④粉门未打开 ⑤输粉管堵塞	①不能用过湿药粉 ②装上吹粉管 ③重新安装并清除堵塞物 ④打开粉门 ⑤清除堵塞物

续表

故障现象	故障产生原因	排除方法
喷粉量少	①粉门未全开 ②药粉潮湿 ③输粉管堵塞 ④吹粉管未装上 ⑤发动机转速低	①粉门全部打开 ②换用干燥粉 ③清除堵塞物 ④重新装上吹粉管 ⑤排除发动机故障,恢复发动机转速
叶轮擦风机壳	①装配间隙不对 ②风机外壳变形	①重新装配,保证正常间隙 ②修复外壳

五、喷杆喷雾机的安全使用技术

喷杆喷雾机是一种适合大田作物大面积使用的植保机具，其作业效率高，喷洒质量好，喷液量分布均匀，可以喷洒农药、肥料。可用于小麦、玉米、大豆和棉花等农作物的播前、苗前土壤处理，作物生长前期病虫草害的防治。装有吊杆的喷杆喷雾机与高地隙拖拉机配套，可进行玉米、棉花等作物生长中后期的病虫害防治。

（一）种类

① 按喷杆的形式，可分为横喷杆式、吊杆式和气袋式 3 种。横喷杆式喷雾机的喷杆水平配置，喷头直接装在喷杆下部，是常用的机型；吊杆式喷雾机是在横喷杆下面平行地垂吊着若干根竖喷杆（见图 4-15），作业时，横喷杆和竖喷杆上的喷头对作物形成“冂”形喷洒，使作物的叶面、叶背等处能较均匀地被雾滴覆盖，这类机型主要用在棉花等作物生长的中后期喷洒杀虫剂、杀菌剂等；气袋式喷雾机是在横喷杆上方装有一条气袋，有一台风机往气袋供气，气袋上方正对每个喷头的位置都开有一个出气孔，利用风管中的下压气流使雾滴避免漂移，提高雾滴的附着率，减少环境污染。作业时，喷头喷出的雾滴与从气袋出气孔排出的气流相撞击，形成二次雾化，在气流的作用下吹向作物，同时，气流对作物枝叶有翻动作用，有利于雾滴在叶丛中穿透及在叶背、叶面上均匀附着。

② 按与拖拉机的连接方式，可分为悬挂式、固定式、牵引式和自走式。悬挂式喷雾机通过拖拉机三点悬挂装置悬挂在拖拉机上；固定式喷雾机各部件分别固定地装在拖拉机上；牵引式喷雾机自身带有底盘和行走轮，通过牵引杆与拖拉机相连接；自走式喷雾机是自身配备动力和行走装置，自行完成喷药作业。

③ 按机具作业幅宽，可分为大型、中型和小型 3 种。大型喷杆喷雾机多为牵引式，喷幅在 18m 以上，主要与功率 37kW 以上的拖拉机配套作业；中型喷杆喷雾机的喷幅为 10～18m，多与 18.5～37kW 的拖拉机配套；小型喷杆喷雾机的喷幅

在10m以下，多与小四轮拖拉机和手扶拖拉机配套。

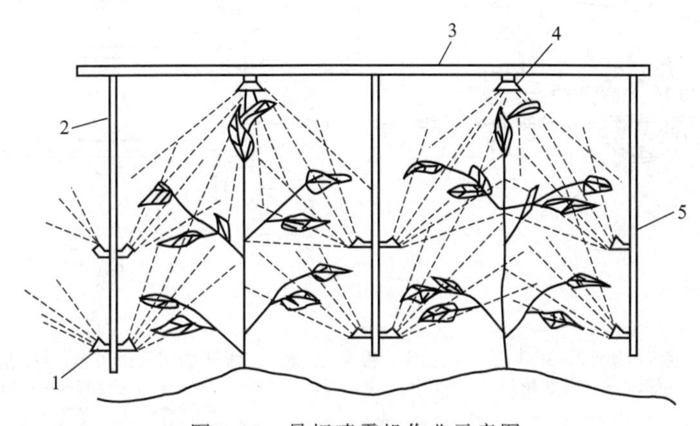

图4-15 吊杆喷雾机作业示意图

1,4—喷头；2—吊挂喷杆；3—横喷杆；5—边吊挂喷杆

（二）主要结构及工作原理

牵引式喷杆喷雾机可与大中型拖拉机配套，药液箱容积为2000L，喷幅为18m，纯小时生产率可达13hrn^2/h，适用于旱地作物病虫草害的防治。该机采用活塞隔膜泵、刚玉瓷狭缝式110系列6号喷头36个（分四级控制）、液力搅拌器、膜片式防滴阀。

1. 结构组成

牵引式喷杆喷雾机如图4-16所示，主要由液泵、药液箱、喷射部件、搅拌器、喷杆架和管路控制部件等组成。

（1）液泵 喷杆喷雾机的液泵主要有活塞隔膜泵和滚子泵两种。

① 活塞隔膜泵 这种泵有单缸、双缸和多缸之分。图4-17所示为双缸活塞隔膜泵，它由空气室、泵体、偏心轴、连杆、缸筒、活塞、隔膜、吸液阀和排液阀等组成。在一根偏心轴上安装左右对称的两套活塞连杆组件。

隔膜泵是通过改变隔膜和泵盖所构成的泵腔容积来完成吸液和排液的，而泵腔容积的改变，则是通过隔膜的拉伸和收缩变形来实现的。如图4-18所示，当动力机驱动偏心轴旋转时，带动连杆、活塞在泵缸内作往复运动，活塞顶部的隔膜也随之产生拉伸和收缩变形，以改变泵腔容积。当活塞右移时，左侧泵腔容积增大，产生局部真空，吸液阀开启，排液阀关闭，药液被吸入泵腔，完成吸液过程。同时，右侧的泵腔容积缩小，吸液阀关闭，排液阀打开，药液在活塞推力作用下，从泵腔排出，完成排液过程。当活塞左移时，情况相反，偏心轴旋转一周，完成2次排液。

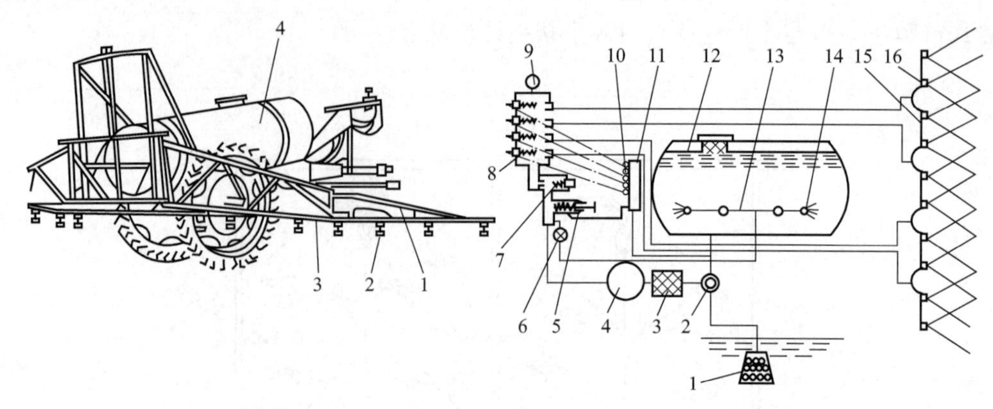

(a) 外形

1—喷杆桁架；2—喷头；
3—喷杆；4—药液箱

(b) 工作原理

1—吸水头；2—三通开关；3—过滤器；4—泵；5—调压阀；
6—截止阀；7—总开关；8—分段控制开关；9—压力指示器；
10—阻尼阀；11—总回水管；12—药液箱；13—搅拌器；
14—搅拌喷头；15—喷杆；16—喷头

图 4-16　牵引式喷杆喷雾机

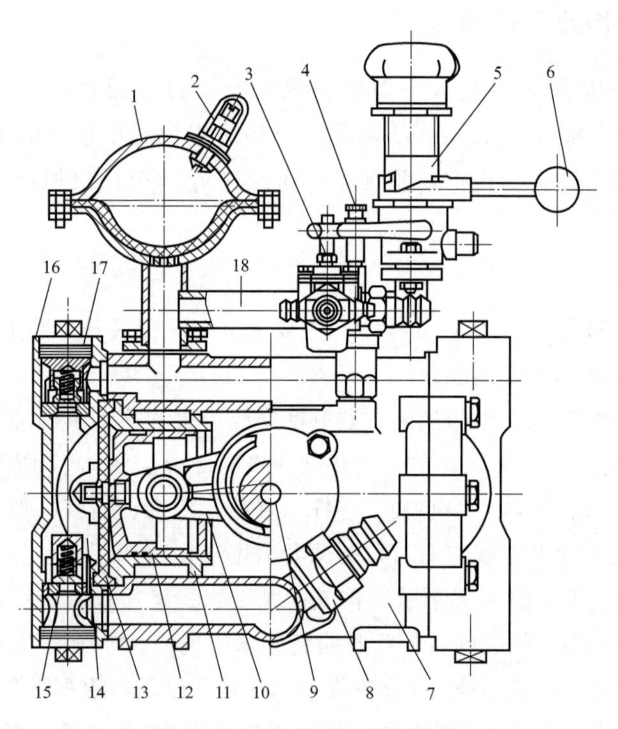

图 4-17　双缸活塞隔膜泵结构

1—空气室；2—打气嘴；3—三通阀；4—压力表接头；5—调压阀；6—减压手柄；7—泵体；
8—进液管；9—偏心轴；10—连杆；11—泵缸；12—活塞；13—隔膜；14—泵腔；
15—吸液阀；16—泵盖；17—排液阀；18—排液管

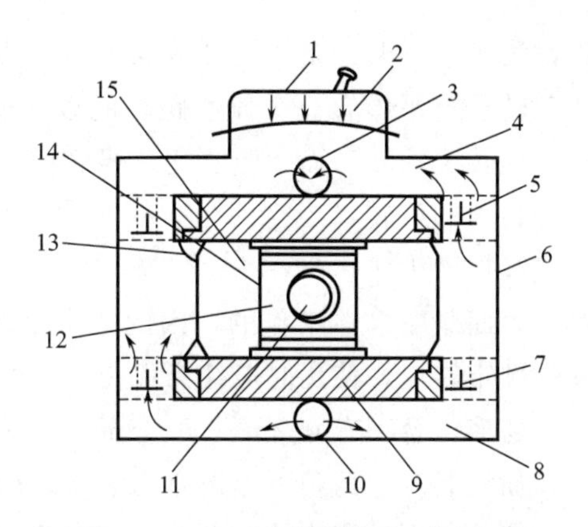

图 4-18 双缸活塞隔膜泵工作原理

1—空气室；2—气室隔膜；3—出水口；4—出水道；5—出水阀；6—泵盖；7—进水阀；8—进水道；9—泵体；10—进水口；11—偏心轴；12—滑块；13—活塞隔膜；14—抗磨片（两边对称）；15—活塞

为保持药液喷射压力稳定，隔膜泵上装有带隔膜的空气室（图 4-16），隔膜位于上下盖之间，用螺钉拧紧，膜下面直接与出液室相通，上部储存空气，空气与药液分开，避免了空气逐渐溶于药液，从而克服了活塞泵存在的缺点（工作一段时间后，空气室的空气溶于药液，失去稳压作用）。在空气室上盖装有打气嘴，工作时，可预先充气，充气压力一般为 110～120kPa。隔膜泵工作压力高，一般为 500～4000kPa，最高可达 6000kPa，排液量大，效率也较高，工作性能较好。该泵的偏心轴、连杆、活塞等主要工作部件浸在机油中，不与药液接触，减少了腐蚀和磨损。

② 滚子泵　滚子泵是一种结构简单紧凑、使用维护方便的低压泵，特别适用于喷杆喷雾机。滚子泵由泵体、轴、转子和泵盖等组成，如图 4-19 所示。转子与泵体偏心安装，在转子的圆柱面上开有若干轴向滚子槽。当轴带动转子高速旋转

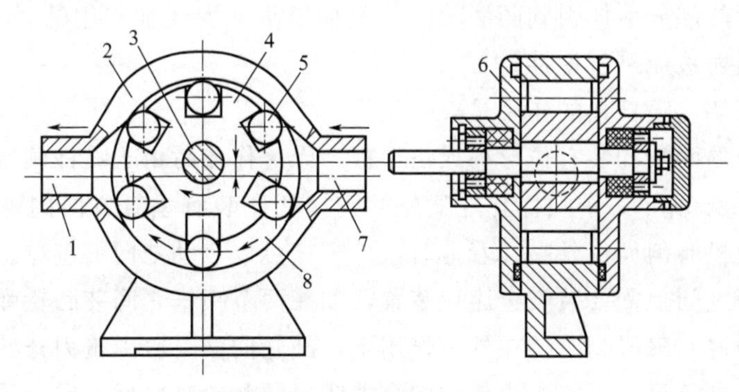

图 4-19 滚子泵

1—出液口；2—泵盖；3—传动轴；4—转子；5—滚柱；6—端盖；7—进液口；8—工作室

时，由于离心力的作用，滚子紧紧贴在泵体内圆表面上，一边作自转运动，一边随转子作公转运动。又由于转子与泵体有一个偏心距，所以相邻的两个滚子与转子、泵体与泵盖所形成的空间随转子的转动而不断变化，当它由小变大时，产生了真空度，便将液体吸入；随着转子的旋转，当空间由大变小时，将液体压入高压管路。周而复始，滚子泵便完成吸排液工作。

由于滚子泵是靠离心力而紧贴泵体工作的，因此要求泵转速不得过低或过高。通常泵的铭牌上标有泵的额定转速，使用时应注意保持。

(2) 药液箱　用于装药液，容积有 $0.2m^3$、$0.65m^3$、$1m^3$、$1.5m^3$ 和 $2m^3$ 等。药箱的上方设有加液口和加液滤网，药箱下方设有出液口，药箱内装有搅拌器。

有些喷杆喷雾机不用液泵，而是用拖拉机上的气泵向药液箱内充气，使药液得到压力，此种机具的药液箱不仅要有足够的强度，而且要有良好的密封性。

(3) 喷射部件　由喷头、防滴装置和喷杆架等组成。

① 喷头　适用于喷杆喷雾机的喷头有狭缝式喷头（扇形雾喷头）和空心圆锥雾喷头等。国产刚玉瓷狭缝式喷头按喷雾角分为 2 个系列：110 系列喷头的喷雾角是 110°，主要用于播前、苗前的全面土壤处理；60 系列喷头的喷雾角是 60°，用于苗带喷雾。空心圆锥雾喷头有切向进液喷头和旋水芯喷头 2 种，主要用于喷洒杀虫剂、杀菌剂和作物生长剂。切向进液喷头与手动喷雾器上的相同。

② 防滴装置　喷杆喷雾机在喷除草剂时，为了消除停喷时药液在残压作用下沿喷头滴漏而造成药害，多配有防滴装置。防滴装置共有 3 种部件，可以按 3 种方式配置。3 种部件为：膜片式防滴阀、球式防滴阀和真空回吸三通阀。3 种配置方式为：膜片式防滴阀加真空回吸三通阀；球式防滴阀加真空回吸三通阀；膜片式防滴阀。用这 3 种的任何一种配置均可得到满意的防滴效果。

(4) 搅拌器　搅拌器的作用是使药液箱中的药剂与水充分混合，防止药剂沉淀，保证喷出的药液具有均匀的浓度。

搅拌器有机械式、气力式和液力式 3 种。液力搅拌器是目前常用的搅拌器，它是将由泵排出的部分液体引到药液箱内的搅拌喷头或流经加水用的射流泵的喷嘴，往药液箱内喷射液流进行搅拌。

(5) 喷杆架　喷杆架的作用是安装喷头。

宽幅喷杆的两端均装有仿形环或仿形板，以免作业时由于喷杆倾斜而使外喷头着地。如图 4-20 所示，中喷杆与外喷杆的铰接处还装有垂直方向的弹性活节。当地面不平拖拉机倾斜而使外喷杆着地时，外喷杆可以自动地向上避让。中央喷杆与邻接的中喷杆之间也需要装安全避让装置，如在两节喷杆之间装凸轮弹簧自动回位机构，作业中遇到障碍物时，在外力作用下，凸轮曲面克服弹簧力开始滑动，它一边把中喷杆和外喷杆抬起，一边使它们绕着倾斜的凸轮轴向后、向上回转，绕过障碍物后，在喷杆自重及弹簧力的作用下，又迅速复位，从而起到保护喷杆的作用。

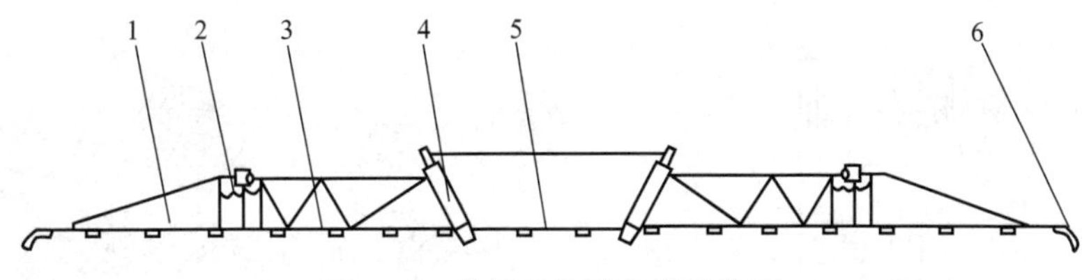

图 4-20　喷杆的仿形和避让装置

1—外喷杆；2—弹簧；3—中喷杆；4—凸轮机构；5—中央喷杆；6—仿形环

(6) 管路控制部件　管路控制部件一般由调压阀、安全阀、截流阀、分配阀和压力表等组成。调压阀用于调整、设定喷雾压力；压力表用于显示管路压力；安全阀把管路中的压力限定在一个安全值以内；截流阀用于开启或关闭喷头喷雾作业；分配阀把从泵流出的药液均匀地分配到各节喷杆中去，它可以让所有喷杆进行喷雾，也可以让其中一节或几节喷杆进行喷雾。

2. 工作原理

喷杆喷雾机的工作原理如图 4-15(b) 所示，加水时，吸水头 1 放入水源，关闭 4 个分段控制开关 8，并把三通开关 2 置于加水位置，此时，水源处的水经吸水头、三通开关、过滤器 3 进入泵 4，泵排出的水经总开关的回液管及搅拌管路进入药液箱，与此同时，可将农药按一定比例加入药液箱，利用加水过程进行搅拌。喷雾时，把三通开关 2 置于喷雾位置，并打开分段控制开关，药液从药液箱 12 经三通开关 2、过滤器 3 进入泵 4，由泵加压后进入调压分配阀总开关 7，此时大部分药液通过 4 组分段控制开关 8，分别经 4 根喷雾软管输送至喷杆 15，经喷头 16 喷出。另一部分药液由调压阀处分流，经截止阀 6 送到搅拌器 13，对药液箱内的药液进行搅拌，剩余药液经调压阀 5 的回液管及总回水管 11 流回药液箱。

（三）喷雾机的主要工作部件

1. 喷头

喷头的作用是使药液雾化和使雾滴均匀分布。按照结构和雾化原理不同，喷头可分为涡流式、扇形雾式、单孔式和冲击式等形式。

(1) 涡流式喷头　其特点是在喷头体内制有导向部分，压力药液通过导向部分产生螺旋运动。按结构不同又分为切向离心式、涡流片式和涡流芯式 3 种。

① 切向离心式喷头　由喷头体、喷头帽、喷孔片和垫片组成，如图 4-21(a) 所示。按喷头体数目不同又可分为单头、双头和四头 3 种，如图 4-21(b) 所示。喷头体制成有锥体芯的内腔和与内腔相切的输液斜道。喷孔片有孔径为 1.3mm、1.6mm 等规格。

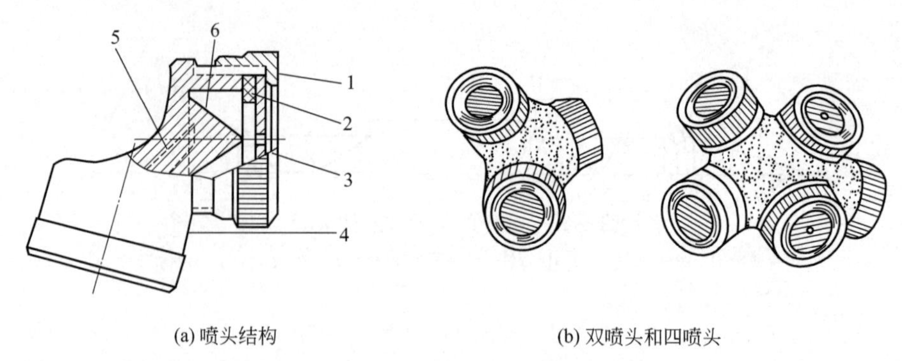

(a) 喷头结构 (b) 双喷头和四喷头

图 4-21 切向离心式喷头

1—喷头帽；2—垫圈；3—喷孔片；4—喷头体；5—输液斜道；6—锥体芯

喷孔片与内腔之间构成锥体芯涡流室，改变垫片厚度可以调整涡流室深浅。

切向离心式喷头的雾化原理如图 4-22 所示。压力药液从切向进液通道进入涡流室内，绕锥体芯作高速螺旋运动。通过喷孔后，由于螺旋运动所产生的离心力和喷孔内外压力差的作用，药液一方面向四周飞散，一方面向前运动，形成一个空心雾锥，喷洒到作物上的雾滴分布为一个圆环，空心锥的顶角称为雾锥角。

② 涡流片式喷头 由喷头体、喷头帽、喷头片和涡流片等组成，如图 4-23 所示。

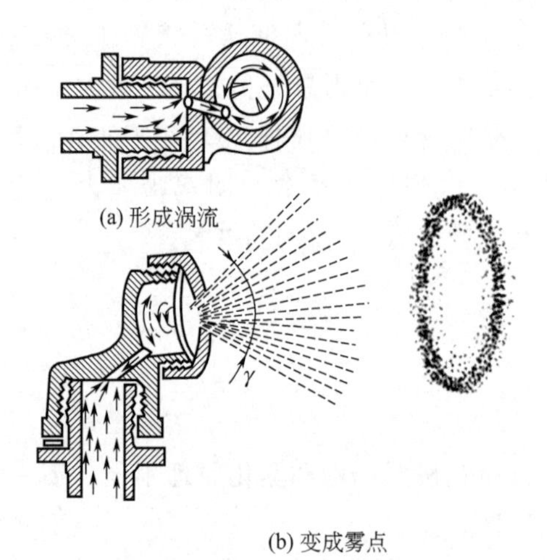

(b) 变成雾点

图 4-22 切向离心式喷头的雾化原理

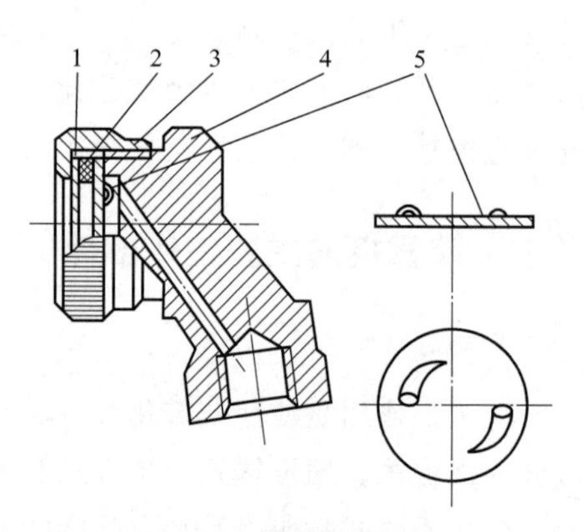

图 4-23 涡流片式喷头

1—喷头片；2—垫圈；3—喷头帽；4—喷头体；5—涡流片

在涡流片上沿圆周方向对称地冲有 2 个贝壳形斜孔，在涡流片和喷孔片之间夹有垫圈，构成涡流室，改变垫圈的厚度可调整涡流室的深浅。

涡流片式喷头的雾化原理与切向离心式喷头相似，只是涡流片代替了锥体芯，压力药液通过涡流片的斜孔进入涡流室，产生高速螺旋运动，再由喷孔喷出，形成空心雾锥。

③ 涡流芯式喷头　有大田型和果园型 2 种，都由喷头体、喷头帽和涡流芯组成。大田型喷头如图 4-24(a) 所示，喷头帽中央有喷孔，涡流芯上制有双头矩形螺纹槽，涡流芯前端面与喷孔帽之间构成涡流室。涡流室深度较浅且不可调。但可更换喷头帽以改变喷孔大小，也可更换螺旋角大小不同的涡流芯，螺旋角增大，相当于涡流室变深。工作时，压力药液沿矩形螺旋槽导入涡流室，产生高速螺旋运动，通过喷孔后，形成空心雾锥。

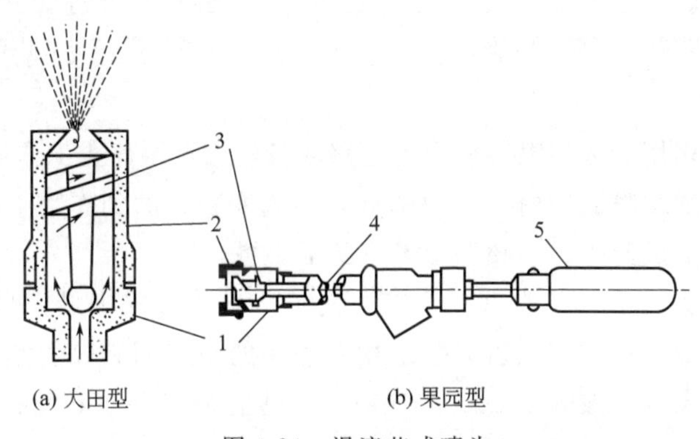

(a) 大田型　　(b) 果园型

图 4-24　涡流芯式喷头

1—喷头体；2—喷头帽；3—涡流芯；4—推进杆；5—手柄

果园型喷头如图 4-24(b) 所示，其特点是涡流芯的矩形螺旋槽宽而少，螺旋角大，因而产生的雾滴大、射程远，涡流室的深浅可通过转动手柄使涡流芯前后移动进行射程和雾化程度的调节。

(2) 扇形雾喷头

① 狭缝式喷头　如图 4-25 所示，这种喷头在喷孔处开有狭缝通道，液流在一定的压力下通过喷孔后，经狭缝通道喷出，由于受狭缝的限制和挤压，液流在向前喷射的同时互相撞击，并向压力较低的两侧扩散，形成扁平扇形雾流。

狭缝式喷头结构简单，适用于喷施杀虫剂、杀菌剂、除草剂和液肥等，喷射压力为 300～400kPa。

② 导流式喷头　如图 4-26 所示，这种喷头在喷孔前方设有导流片，压力药液从喷孔喷出后撞击导流片而散开，在离开导流片边缘时形成扇形雾流。导流片喷头适用于较低的喷射压力（200～400kPa）和较低的喷雾量，压力过大会造成雾锥角过大，雾滴飘失。

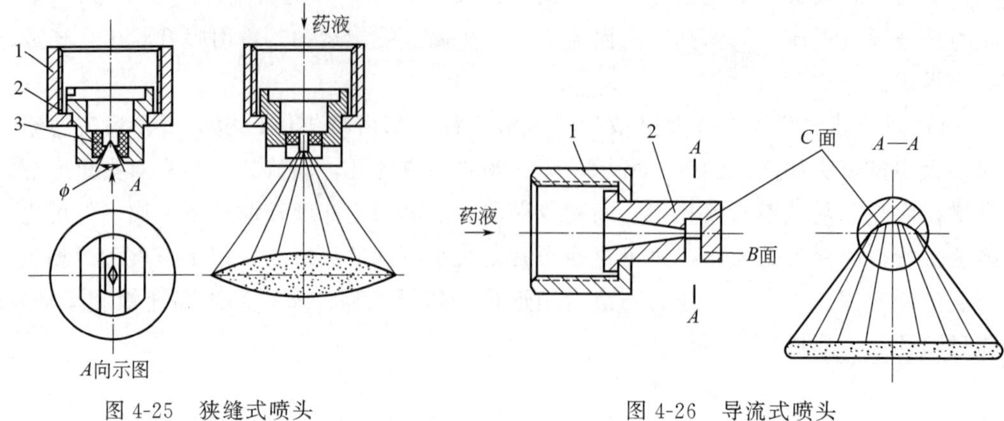

图 4-25 狭缝式喷头

1—喷头帽；2—扇形喷嘴；3—陶瓷喷头芯

图 4-26 导流式喷头

1—喷头帽；2—扇形喷嘴

扇形雾喷头多用于大型喷雾机上，管路较长，当液泵停止工作后，管路中存留的压力药液仍将继续喷洒，由于压力降低，雾滴变粗，洒到作物上将会造成药害。为防止喷头后滴造成药害，在喷头上设有防漏装置。

（3）单孔喷头 单孔喷头（图 4-27）是喷头结构形式中最简单的一种。用这种喷头喷出的药液，是靠高速射流撞击相对静止的空气而破碎、雾化成细小雾滴，它要求工作压力高（一般为 2000～3000kPa），雾化质量差（雾滴直径在 300μm 以上），但射程远，多装在远射程喷枪上，用于果林喷洒药剂。为做到远近结合喷洒，可将狭缝式喷头与单孔喷头组合在一起使用。

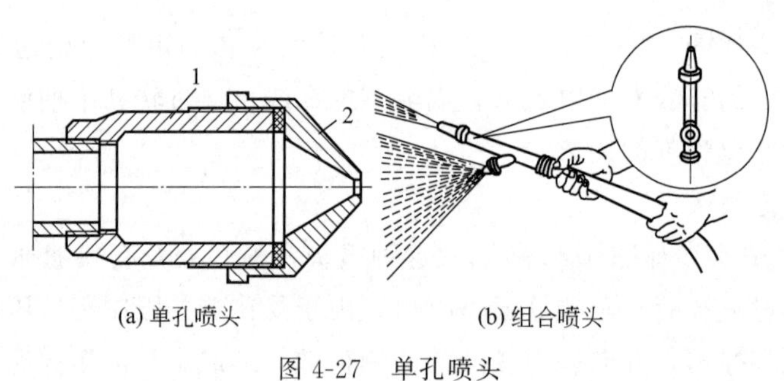

(a) 单孔喷头 (b) 组合喷头

图 4-27 单孔喷头

1—喷头座；2—喷头帽

（4）冲击式喷头 为了改善单孔喷头的雾化质量，在喷孔处安装扩散片便构成冲击式喷头（图 4-28）。药液从喷孔喷出后与扩散片撞击而加强雾化，并可同时进行近距离喷射，多用于稻田喷雾机上。

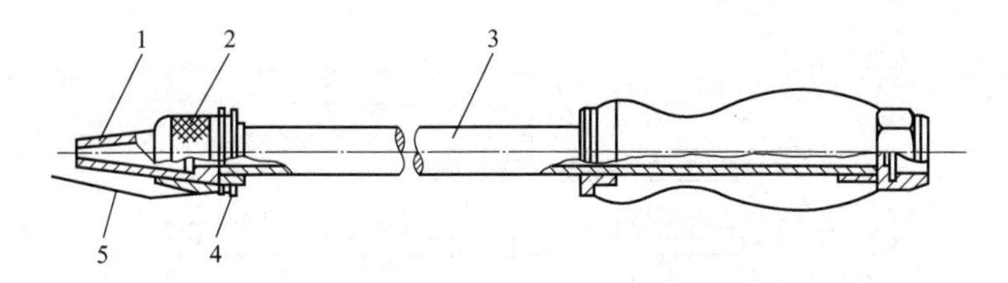

图 4-28　冲击式喷头

1—喷嘴；2—喷头帽；3—喷杆；4—锁紧帽；5—扩散片

2. 液泵

液泵的作用是压送药液，克服管道阻力，提高雾化压力，增大射程和喷幅。植保机械常用的液泵有往复泵和旋转泵两类。前者包括活塞泵、柱塞泵和活塞隔膜泵等，后者有滚子泵和离心泵等。

(1) 往复泵

① 活塞泵　这是喷雾机上应用较多的一种泵，有单缸、双缸和多缸等多种形式。单缸泵多用于手动喷雾器，双缸和三缸泵多用于机动喷雾机。活塞泵具有较高的喷雾压力，可以根据不同的排量要求设计成不同的尺寸，形成一个系列。例如国产三缸活塞泵，有排量为 30L/min、36L/min、40L/min、60L/min 等规格，以适应不同的工作需要，其工作压力一般为 1500～2500kPa。因此，射程较远，雾滴较细，工作效率较高，可用于农田和果园的病虫草害防治。

② 柱塞泵　这种泵的工作原理与活塞泵基本相同，仅结构上有些差别。它以柱塞代替活塞（图 4-29），柱塞不与泵缸内壁接触，而是在泵缸端部装有固定密封，因此容易维修。柱塞泵也有单缸、双缸和三缸等多种形式，其配置方式与活塞泵相同。

(2) 旋转泵

① 离心泵　离心泵有普通离心泵和自吸离心泵，在喷雾机上自吸离心泵逐渐代替普通离心泵，其特点是结构简单、排量范围大、压力稳定、工作可靠。

② 滚子泵　如前所述，滚子泵的排液量在转速稳定时是均匀的，随着转速提高，泄漏增加，排液量和效率相应降低。

（四）喷杆喷雾机的安全使用

1. 机具准备与调整

(1) 机具准备　喷雾前按使用说明书的要求，做好机具的准备工作，如拖拉机与喷杆牵引部件、悬挂部件等的连接，润滑运动部件，拧紧已松动的螺钉、螺母，检查轮胎气压等。

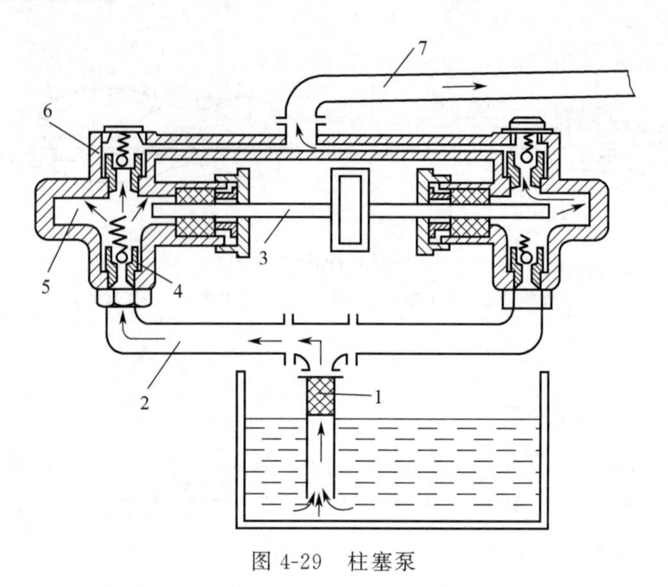

图 4-29 柱塞泵

1—吸水滤网；2—吸水管；3—柱塞；4—进水球阀；5—进水室；6—出水球阀；7—出水管

（2）检查喷头雾流形状和喷嘴喷量　在药液箱内放入一些水，原地开动喷雾机在工作压力下喷雾，观察各喷头的雾流形状，如有明显的流线或歪斜，应更换喷嘴。然后在每一个喷头上套上一小段软塑料管，下面放上盛接容器，在预定工作压力下喷雾，用停表计时，收集在 30～120s 时间每个喷头的雾液并测定，计算出全部喷头 1min 的平均喷量。喷量高于或低于平均值 10％的喷头应更换喷嘴，以使各喷头喷雾量一致。

（3）校准喷雾机　校准的方法有几种，下面是其中一个方法。在将要喷雾的田里量出 50m 长，在药液箱里装上半箱水，调整好拖拉机前进速度和工作压力，在已测量的田里喷水，收集其中一个喷头在 50m 长的田里喷出的液体，用量杯测出液体的量，则实际施液量 $P(\mathrm{L/hm^2})$ 可按下式算出

$$P=0.2q/b(\mathrm{L/hm^2})$$

式中　q——一个喷头的喷液量，mL；

b——喷头间距（m），若一行内有多个喷头时，b＝作物行距（m）/每行内的喷头个数。

若实际施液量不符合要求，可用下述 3 种方法予以调节：调节喷雾压力，适用于施液量改变不大的情况下；改变拖拉机行走速度，适用于施液量变动范围小于 25％的情况；更换较大或较小喷量的喷头，适用于施液量变化范围较大时。

2. 喷杆喷雾机操作注意事项

（1）搅拌　彻底而充分地搅拌农药是喷雾机作业中的重要环节之一。加水时就

应启动液泵，让液力搅拌器边加水边搅拌，水加至一半时，再边加水边加入农药，这样可提高搅拌效果。对于乳油和可湿性粉剂类农药，应事先在小容器内加水混合成乳剂或糊状物后再加到存有水的药箱中，可使得搅拌更均匀。

（2）田间作业　应保持拖拉机前进速度和工作压力稳定；行车路线要略偏向上风方向；在田头做好标记，以免造成重喷或漏喷；发现喷头有堵塞、泄漏、偏雾和线状雾等不正常情况时，应及时排除。

（3）机具运输或地块转移　应切断万向节动力，并将喷杆折拢。

3. 喷杆式喷雾机常见故障及排除方法

喷杆式喷雾机因型号、形式及结构上的差异，常见故障也不尽相同，现将最常见的具有共性的故障及排除方法列表表示，见表 4-3。

表 4-3　喷杆式喷雾机常见故障及排除方法

故障现象	故障原因	排除方法
吸不上水	①三通阀(开关)或操作手柄位置不对 ②吸水头滤网堵塞 ③吸水管严重漏气	①扳好手柄，放在正确位置 ②清洗滤网 ③修复或更换吸水管
吸水速度慢	①隔膜泵进出水阀门磨损或损坏 ②隔膜泵进出水阀门弹簧折断 ③吸水管路堵塞或漏气 ④吸水高度太高	①修理或更换阀门部件 ②更换弹簧 ③清除堵塞，修复漏气处 ④降低吸水高度或选水源
调压阀失灵或压力调不上去	①调压弹簧损坏 ②压力表损坏	①更换弹簧 ②更换压力表
压力表指示压力不稳或振动大，泵出水管抖动剧烈	①空气室充气压力不足或过大 ②隔膜泵阀门损坏 ③空气室隔膜损坏	①调整至规定压力 ②检修或更换阀门 ③更换隔膜
泵的油杯处窜出油水混合物	泵的隔膜损坏	更换隔膜
喷雾不均匀	①各喷头的喷量不一致 ②喷孔磨损 ③喷头堵塞	①调整喷量过大或过小的喷嘴或喷头片 ②更换喷嘴或喷头片 ③清除堵塞
少数喷头喷不出雾	喷孔或喷头滤网堵塞	清除堵塞物
密封部位泄漏	①连接件松动 ②密封圈损坏	①紧固连接件 ②更换密封圈

续表

故障现象	故障原因	排除方法
喷头滴漏	(1)膜片式防滴阀 ①防滴阀弹簧或膜片损坏 ②防滴阀螺母未拧紧 ③阀被杂物卡住 (2)球式防滴阀 ①弹簧损坏 ②钢球锈蚀 ③阀座损坏或有杂物	(1)采取以下措施 ①更换弹簧或膜片 ②拧紧螺母 ③清除杂物 (2)采取以下措施 ①更换弹簧 ②清洗或更换钢球 ③更换过滤架,清除杂物

六、静电喷雾机

常规喷雾法往往造成药液的流失，即使是超低量喷雾也存在雾滴漂移损失，为了提高药液在植株上的沉附能力，近年对静电喷雾进行了广泛的研究，并制成了静电喷雾机。

(一)静电喷雾的基本原理

由静电感应法可知，如果离地面不远的喷嘴具有直流高压静电，地面上的目标就会引发出和喷嘴极性相反的电荷，并在喷嘴和目标之间形成静电场，产生电力线（图 4-30）。这样，当带电雾滴从喷嘴喷出时，将受到喷嘴同性电荷的排斥和目标异性电荷的吸引而沿着电力线奔向目标。由于电力线分布于目标的各个方向，不仅能吸附在植株的正面，也能吸附在植株的背面。喷嘴电压越高，电场强度越大，带电药粒子被吸附到植株上的作用力也就越大。

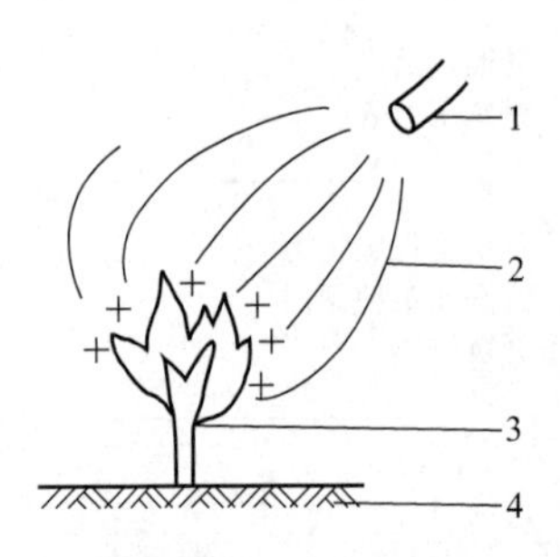

图 4-30　静电作用

1—喷头；2—雾滴运动轨迹；3—作物；4—地面

使雾滴带电的方法有电晕荷电、接触荷电和感应荷电 3 种。电晕荷电是在喷嘴出口区装一个或数个电极尖端，在尖端施加一个强静电场，产生电晕放电。适合于背负式和大型喷雾机静电喷雾。接触荷电是将高压电直接联到即将雾化的药液上，药液雾化后便带电荷。接触式荷电要求设备具有良好的绝缘性，适用于手持式和背负式喷雾机静电喷雾。感应荷电是在喷头出口处设置一个感应杯，从喷头喷出的雾滴受高强度电场作用而带电。感应荷电适应性强，可用于各种喷雾机，但结构复杂，消耗能量大，雾滴沉附作用较差。

（二）静电喷雾机

静电喷雾机可使喷头喷出的雾滴带有高压静电，自动飞附到植株上，提高雾滴的沉附效率，减少飘移损失，从而提高防治效果，节省农药和减少对环境的污染。试验表明，静电力对大雾滴的作用小，对小雾滴能够很好控制其运动轨迹，使其快速沉降在植物上，提高附着效率，减少漂移损失，因此，静电喷雾的雾滴大小应在超低量范围内。

图 4-31 是一种手持式超低量静电喷雾机结构示意图，主要由 12V 低压直流电源、高压静电发生器、药液瓶、雾化齿盘、微型直流电机、滴管和手柄等组成。

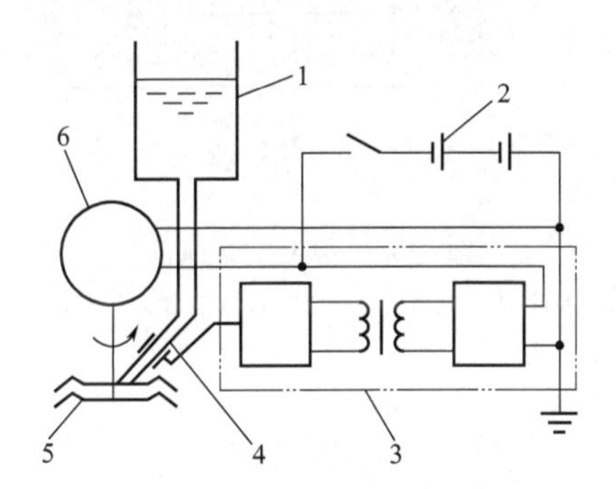

图 4-31 手持式超低量静电喷雾机

1—药瓶；2—电源；3—静电发生器；4—滴管；5—雾化齿盘；6—微电机

高压静电发生器由晶体管直流变换器及倍压整流器等组成。晶体管直流变换器的作用是将 12V 低压直流电变成 3kV 的高频交流电。倍压整流器的作用是将 3kV 的高频交流电的电压提高 10 倍并整流，以得到 3 万伏的高频直流高压静电。高压静电直接加在黄铜制成的药液滴管上。

工作时，药液经过带高压静电的滴管，从雾化齿盘甩出破碎成细小雾滴，并带有与喷嘴极性相同的电荷。由于喷嘴同性电荷的排斥和植株异性电荷的吸引，雾滴便沿电力线飞向植株，均匀牢固地吸附在植株的各个方面，农药的有效利用率达 80％～90％。

图 4-32 所示为国外研制成功的一种静电喷雾喷头。喷头中央为药液管，周围有倾斜的吹气管，喷头座由导电金属材料制成，它接地或与大地电位相通，从而使药液保持或接近大地电位。喷头壳体由绝缘材料制成，环形电极由黄铜或其他导电材料制成，埋在壳体里面，雾流通过电极中心孔喷出，在壳体上还装有高压静电发生器，这是一个微型电路，有 12V 直流电源、振荡器、变压器、整流器、调节器等。振荡器将低压直流电变成低压交流电，变压器将低压交流电变成高压交流电，

整流器将高压交流变成高压直流电并通过高压线送给环形电极，调节器用来调节高压直流电的输出电压。

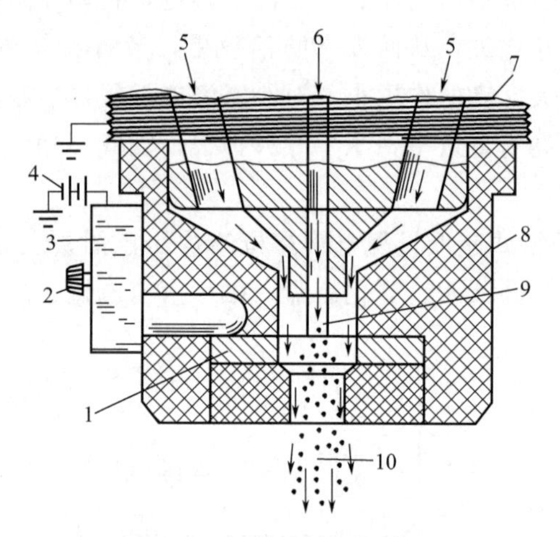

图 4-32 静电喷雾喷头

1—环形电极；2—调节器；3—高压真流电源；4—12V 直流电源；5—高压空气入口；6—高压液体入口；7—喷头座；8—壳体；9—雾滴形成区；10—雾流

工作时，压力药液从喷头座中央输管流入，同时高压气流从喷头座上的气管吹入，在雾滴形成区混合，高速气流将药液碎裂成细小的雾滴，并推动它通过环形电极中心孔后，从喷口喷出。雾滴在经过环形电极时，由静电感应而带电，成为带电的药粒子。

七、植保无人机安全使用技术

植保无人机是一种无人驾驶的小飞机，可负载 5～20kg 农药，采用超低容量喷雾技术，雾滴直径为 10～150μm，亩喷洒量 500～1000mL，在低空喷洒，每分钟可完成一亩地左右的作业，每架次喷撒面积 10～30 亩。操作手可通过地面遥控器及 GPS 定位对无人机实施控制，无人机旋翼产生的向下气流有助于增加药液雾流对作物的穿透性，作业时不受地面状况影响，并可通过搭载视频器件，对病虫害进行实时监控。随着无人机的性能不断改进，作业精准度得到提高，农业规模经营，使得植保无人机应用前景广阔。

植保无人机安全使用如下。

① 操控手需经过培训合格，方能上岗操作。

② 飞行前，要保证飞机的电池、遥控器的电池有充足的电。

③ 在雨天及风力大于4级的天气，严禁作业。因为雨天作业雾滴被雨水冲刷稀释，风大的天气，会影响雾滴降落位置及均匀度，影响防治效果。

④ 作业田块周边10m范围内无人员及房舍，并远离高压线、信号塔和铁皮房等电磁干扰空间。

⑤ 在喷洒除草剂、植物调节剂、杀虫剂等农药时，需观察周边200m内是否有敏感作物、鱼塘、虾池等，避免产生药害。

⑥ 要保持飞机在操作人员的视线范围内飞行。

⑦ 喷洒完成后，应及时清洗喷洒系统，避免农药在管道内腐蚀设备，同时预防不同农药的交叉混用，对作物造成药害。

思考题

1.调查当地使用的植保机械有哪些类型？

2.总结各类植保机械的安全使用技术。

3.总结各类植保机械的维护保养项目。

4.植保机械在使用中存在哪些问题？如何改进？

单元五
灌溉机械安全使用技术

水对作物生长发育非常重要，提高水资源利用率，发展高效节水农业势在必行。

一、灌溉方式

灌溉就是有计划地把水输送到田间，以补充田间水分的不足，促使作物高产。常见的灌溉方法有地面灌溉、滴灌、喷灌和渗灌。

（1）地面灌溉　地面灌溉是将水通过沟、渠或管道送往田间表面，然后借助重力和毛细管作用浸润土壤的一种灌溉方法。该种方法技术简单，投资少，应用广泛，但其对水的有效利用程度较低，浪费大，对地表的平整度要求较高。

（2）喷灌　喷灌是借助专门设备将具有一定压力的水通过喷头喷向空中，呈雨滴状散落地面以浸润土壤的灌溉方法。这种方法省水、省工、有利于保持土壤团粒结构、适用范围广，但投资较高。

（3）滴灌　滴灌是将水增压后，经过滤再通过低压管道送到田间的滴头上，以点滴的方式，经常而缓慢地滴入作物根部附近，满足作物对水需求的一种先进的灌溉方法。该方法省水，利于增产，用水量也便于控制，更容易适应不平坦的地形，但投资高，滴头易堵塞。

（4）渗灌　渗灌是利用地下的专用管道，将水引入田间，借毛细管作用自下而上浸润土壤耕作层的灌溉方法。其优点是灌水质量好，省水，节省土地，便于机耕，多雨季节还可以排水，缺点是地下管道易淤塞，造价高，施工麻烦，检修困难。

二、水泵分类

灌溉的首部机械是水泵机组（图 5-1），是指水泵与动力机的联合体，或已安装在金属座架上的多台水泵组合体。其中，动力机为水泵提供工作动力，水泵将动力机的机械能转变为水的动能、压能，从而把水输送到高处或远处。目前市场上农用水泵厂家大多直接提供水泵机组。水泵机组的核心工作部分是水泵，动力机按照功率匹配原则，厂家已经选配好了。

图 5-1　常见的水泵机组

水泵的分类方式很多，常见的方法如下。

按驱动水泵工作的动力机不同可分为电动泵、汽轮机泵和柴油机泵。

按工作原理不同分类如下。

① 容积式泵：靠工作部件的运动造成工作容积周期性地增大和缩小而吸排液体，并靠工作部件的挤压而直接使液体的压力能增加。

根据运动部件运动方式的不同又分为往复泵和回转泵两类。

根据运动部件结构不同有活塞泵、柱塞泵、齿轮泵、螺杆泵、叶片泵和水环泵。

② 叶轮式泵：叶轮式泵是靠叶轮带动液体高速回转而把机械能传递给所输送的液体。

根据泵的叶轮和流道结构特点的不同可分为离心泵、轴流泵、混流泵和旋涡泵。

③ 喷射式泵：是靠工作流体产生的高速射流引射流体，然后再通过动量交换而使被引射流体的能量增加。

按泵轴位置可分为立式泵和卧式泵。

按吸口数目可分为单吸泵和双吸泵。

农业灌溉北方用到的水泵多为离心泵，特点是流量较小而扬程较高，主要适合于山区、丘陵区使用。河流水充足的地区也有使用轴流泵，其特点是流量大而扬程较低。

三、水泵结构与工作过程

1. 离心泵的结构

离心泵（图 5-2）主要由叶轮、泵体、泵轴、密封环、填料函等组成。

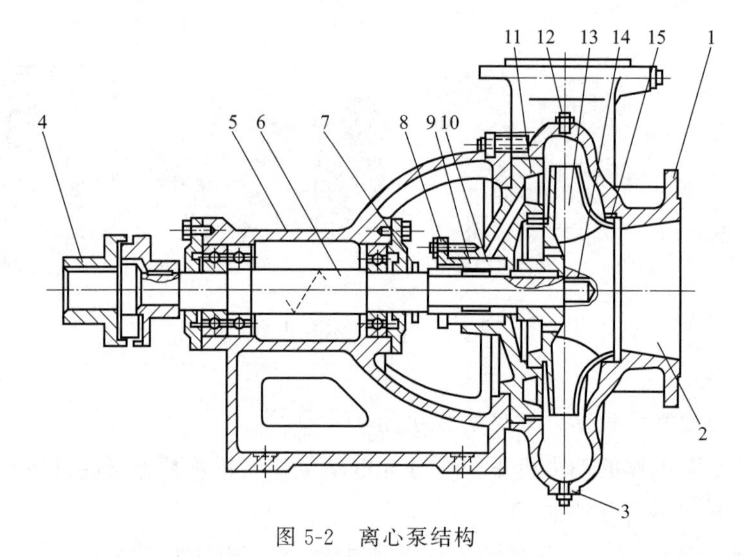

图 5-2 离心泵结构

1—泵体；2—进水口；3—放水螺栓；4—联轴器；5—托架；6—泵轴；7—挡水圈；8—填料压盖；9—填料；10—密封环；11—后盖；12—放气螺塞；13—叶轮；14—叶轮螺母和锁片；15—检漏环

（1）叶轮　叶轮是离心泵的核心部分，其作用是将动力机的机械能传给水，转变成水的动能和压能，它是决定水泵性能好坏的关键部件。离心泵的叶轮一般由铸铁制成。用于抽清水的叶轮采用封闭式，抽含有杂质液体的叶轮采用半封闭式或敞开式，其结构见图 5-3。

（2）泵体　泵体也称泵壳，是水泵的主体，一般由铸铁制成，泵体流道为蜗壳形。泵体的作用是汇集由叶轮甩出的水并导向水管，降低水流速度使部分动能转化为压能。

（3）泵轴　泵轴是传递动力的部件。其一端固定叶轮，另一端装有联轴器或皮带轮，与动力机相连接。

（4）密封环　密封环又称口环或减漏环，其作用是使叶轮与泵体之间保持较小间隙，以减少高压水的回流损失。叶轮进口与泵壳间的间隙过大会造成泵内高压区

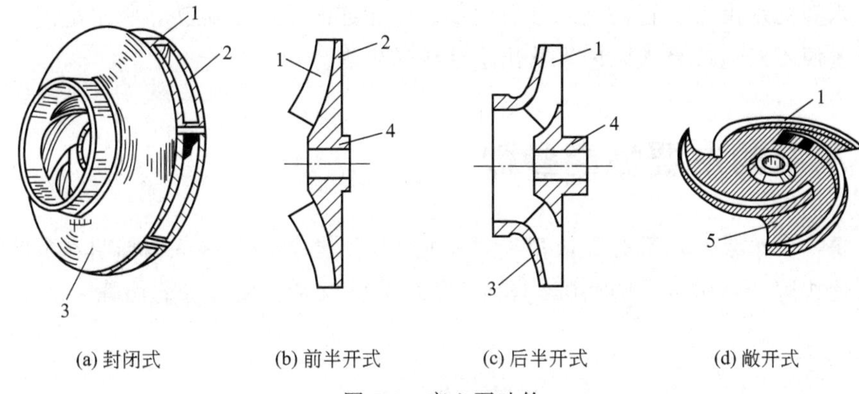

图 5-3　离心泵叶轮

1—叶片；2—后盖板；3—前盖板；4—轮毂；5—加强筋

的水经此间隙流向低压区，影响泵的出水量，降低效率。间隙过小会造成叶轮与泵壳摩擦产生磨损。在泵壳内缘和叶轮外缘结合处加装密封环，可增加回流阻力减少内漏，延缓叶轮和泵壳的使用寿命。叶轮与泵体之间的间隙保持在 0.25～1.10mm 之间为宜。

（5）填料函　填料函主要由填料、填料箱、填料压盖和水封环等组成。填料函的主要作用是密封泵轴穿出泵壳处的空隙，防止空气进入泵内和阻止压力水从泵内大量泄漏出来。一般从填料箱内每分钟滴 30～50 滴水为适宜。

（6）联轴器　联轴器是连接动力机和水泵的动力连接装置，将动力由动力机传递到水泵，实现水泵系统工作。

2. 离心泵的工作过程

离心泵一般安装在离水源水面有一定高度的地方，它的工作是先把水吸上来，再将水压出去。因此它的工作由吸水和压水两个过程组成，见图 5-4。

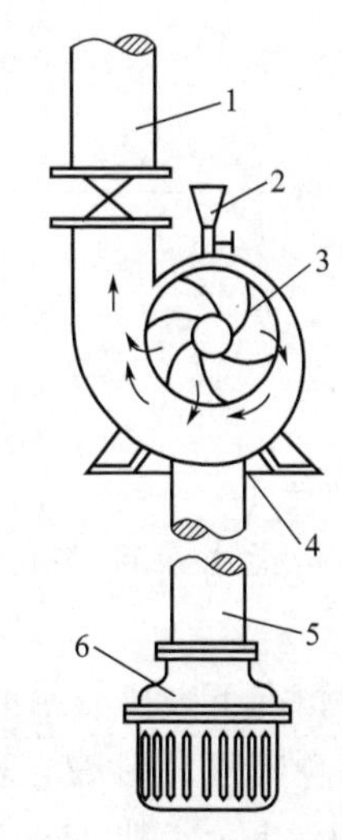

图 5-4　离心泵工作原理

1—压水管；2—充水漏斗；3—叶轮；4—泵壳；5—吸水管；6—底阀

离心泵的主要工作部件叶轮安装在蜗壳形的泵壳内，工作时由动力机通过泵轴驱动高速旋转。泵壳上有进、出水口，吸水管和压水管分别与之相连。开车前，先使吸水管和泵壳内充满水。启动后，由于叶轮高速旋转产生离心力，叶轮内的水被叶片甩向四周，沿断面逐渐扩大的蜗壳槽道流动，速度下降，压力升高，压向出水管。此时，叶轮中心附近出现真空，在水源水面大气压力作用下，水源的水沿吸水管被吸入叶轮内部。叶轮连续不断地旋转，将水甩出，水源的水就源源不断地被吸入泵内，从出水管压送出去。

四、水泵的主要性能参数

在每一台水泵上，都有一块牌子，上面注明一些数据，这些数据叫水泵的性能参数，这块牌子叫做水泵的铭牌。图 5-5 所示为轴流泵和离心泵的铭牌。

轴　流　泵

型　号　400ZLB—2.5	编　　号　012073
扬　程　2.5m	轴 功 率　9.2kW
流　量　1080m³/h	
转　速　1200r/min	效　　率　80.3%
	出厂日期　年　月
	××水泵厂

(a) 轴流泵的铭牌

清水离心式水泵

型　号　200S—42	转　速　2950r/min
扬　程　42m	效　率　82%
流　量　288m³/h	轴功率　40.2kW
允许吸上真空高度　3.6m	
出厂编号　10—23	质　量　219kg
	出厂日期　年　月
	××水泵厂

(b) 离心泵的铭牌

图 5-5　水泵铭牌

1. 扬程

扬程是指水泵能够扬水的高度，又叫水头，通常用 H 来表示，单位用 m 表示。

一般情况下，离心泵的扬程以泵轴轴线为界，水源到水泵的垂直高度叫做吸水扬程，简称吸程，用 $H_{吸}$ 表示；水泵到出水口的垂直高度叫做压水扬程，简称压程，用 $H_{压}$ 表示。即 $H=H_{吸}+H_{压}$。

水泵的扬程可以是几米、几十米甚至几百米，而吸水扬程一般总在 2.5～8.5m 之间。

实际当中，水泵的扬程应包括下面两部分：一部分是可以测量得到的扬程，也就是进水池水面到出水池水面的垂直高度，称为实际扬程，用 $H_{实}$ 表示；一部分是水流经管路时，由于受到摩擦阻力而减少了水泵应有的扬程高度，称为损失扬程，用 $H_{损}$ 表示，即为 $H=H_{实}+H_{损}$。

在确定水泵扬程时，$H_{损}$ 必须重视，否则购买的水泵扬程会偏低，可能抽不上水来。

水泵的扬程各组成部分关系见图 5-6。

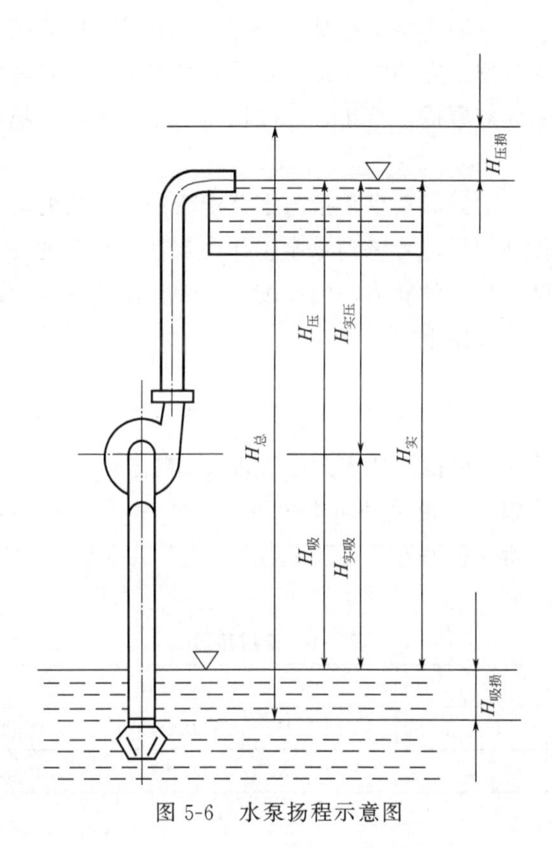

图 5-6　水泵扬程示意图

2. 流量

水泵的流量又叫出水量，它是指水泵在单位时间内提出的水量。通常用 Q 表示，单位用升/秒（L/s）或立方米/小时（m^3/h）表示。

3. 功率

功率是用来表示水泵机组在单位时间内所做功的大小，通常用 N 来表示。水泵的功率可分为：有效功率、轴功率和配套功率三种。

(1) 有效功率 $N_{效}$　有效功率是指单位时间内从泵中输送出去的液体在泵中获得的有效能量，又叫净功率、水泵的输出功率。

$$N_{效}=\gamma gQH$$

式中　γ——水的密度，kg/m^3；

g——重力加速度，$g=9.8m/s^2$；

Q——水泵的流量，m^3/s；

H——水泵的扬程，m。

(2) 轴功率 $N_{轴}$　轴功率是指水泵在一定流量和扬程的情况下，动力机传给水泵的功率，也叫输入功率。它的大小是有效功率和泵内损失功率之和。泵内损失功率主要包括水流在泵体内摩擦、挤压、回流以及泵轴与轴承、填料等零件的摩擦消耗等。

(3) 配套功率 $N_{配}$　配套功率是指与水泵配套的动力机的功率。动力机在把动力传给水泵轴时有传动损失，考虑到水泵工作中流量、扬程的波动和可能出现的超负荷等情况，需要储备一定的动力，因此配套功率比轴功率要大。

配套功率的大小可以用下式计算

$$N_{配}=K\frac{N_{轴}}{\eta_{传}}$$

式中　K——备用系数，可根据功率大小查表 5-1 确定；

$\eta_{传}$——传动效率，V 带传动可取 0.95～0.98；平带传动可取 0.85～0.95；直接传动（联轴器）可取 1。

表 5-1　备用系数

水泵轴功率/kW	<5	5～10	10～50	50～100	>100
电动机	2～1.3	1.3～1.15	1.15～1.10	1.08～1.05	1.05
内燃机		1.5～1.3	1.3～1.2	1.2～1.15	1.15

4. 效率

有效功率与轴功率之比即为效率，它是衡量水泵经济性能的重要指标，通常用 η 代表，即

$$\eta=\frac{N_{效}}{N_{轴}}\times 100\%$$

5. 转速

转速是指水泵叶轮在每分钟内旋转的圈数，通常用 n 表示。水泵铭牌上的转速为额定转速，在使用时不得随便提高或降低，以免影响水泵的性能。

6. 允许吸上真空高度

水泵工作时进口处的真空度高到一定程度时，液体就可能在泵内汽化而使水泵不能工作。把水泵工作时所允许的最大吸入真空度称为“允许吸上真空度”，以液柱的高度 H_s 来表示，单位是 m。

允许吸上真空高度是一个指导水泵安装的参数。

吸程＝标准大气压(10.33m)－允许吸上真空高度－安全量(0.5m)

允许吸上真空高度是通过汽蚀试验确定的，在试验中，当水泵开始出现汽蚀时的吸上真空高度，叫最大吸上真空高度，一般将最大吸上真空高度减去 0.3m，作为允许吸上真空高度，它是一个指导水泵安装高度的参数。

为了避免发生汽蚀，要注意以下几点：

① 水泵的安装高度一般不能高于 H_s；

② 水泵的叶轮设计要合理，并提高表面抗汽蚀的能力；

③ 水泵不能在超过额定转速和流量的情况下工作；

④ 所抽送水的温度不能过高；

⑤ 抽水时尽量避免产生涡流。

五、离心泵管路组成

一般由水泵、动力机、管路及其附件组成，典型的离心泵管路及附件包括水管、底阀、弯头、变径管、逆止阀、闸阀、真空表、压力表等（图 5-7）。小型的离心泵，尤其是移动的抽水机组，只需配其中一部分附件。

（1）水管　水管用于输水，一般包括吸水管（又叫进水管）和压水管（又叫出水管）两部分。常用的水管有钢管、铸铁管、钢筋混凝土管、塑料管和橡胶管等。

（2）弯头和变径管　弯头用来改变吸水管或压水管的水流方向，主要有 90°和 45°两种。弯头不能直接与水泵进出口直接相连，而应装一段长度约为 3 倍直径的直管段，如图 5-8(a)，以免造成进口、出口的水流紊乱，影响水泵的效率。整个进水管路应平缓地上升，任何部分不应高出水泵进水口的上边缘，以防管内积聚空气，影响吸水，如图 5-8(b)、(c) 所示。

变径管又叫渐变管，有大小头，是一个两头直径不等的锥形短管，一般装在水泵进、出水口处，用于连接直径与泵进、出口口径不一致的水管。变径管分同心变径管和偏心变径管两种。后者只用于进水管上，安装时偏心朝下，如图 5-8(b) 所示。

（3）底阀和滤网　底阀和滤网一般装配成一体，装于进水管最下面。底阀的作用是保证水泵开车前灌引水时不漏水。工作时，在泵内吸力作用下自动打开，停车

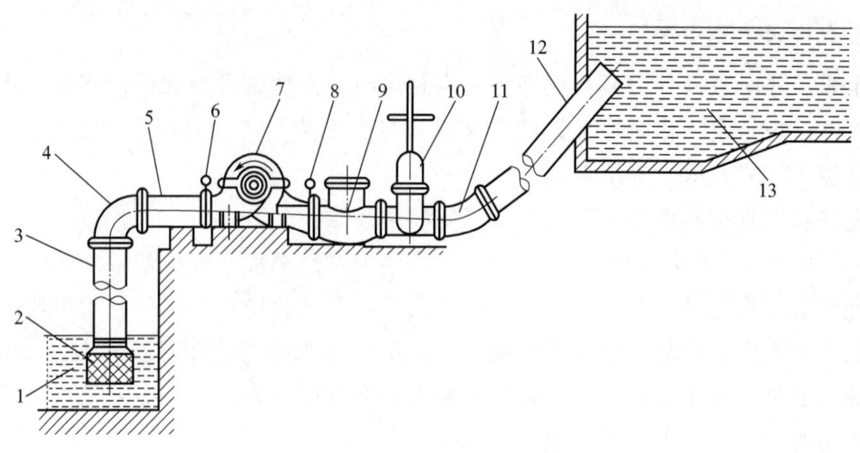

图 5-7 离心泵管路及附件

1—进水池；2—底阀；3—吸水管；4—弯头；5—变径管；6—真空表；7—水泵；8—压力表；9—逆止阀；10—闸阀；11—弯头；12—出水管；13—出水池

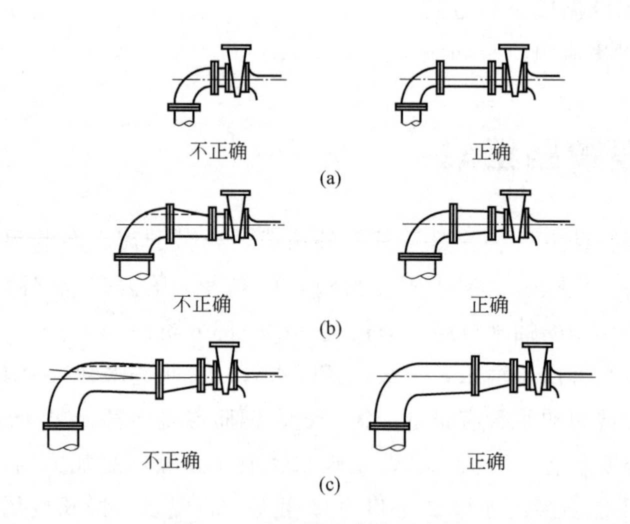

图 5-8 进水管的安装示意图

(a) 左图为弯头直接与水泵进口安装，是错误的，应采用右图；
(b) 左图为弯头高出水泵进水口上边缘且渐变管的斜边朝上，是错误的，应采用右图；
(c) 左图为弯头高出水泵进水口上边缘，是错误的，应采用右图

时自动关闭。底阀给进水管造成很大阻力，对于不需要灌水就能起到的水泵（如自吸泵，潜水泵等），就不需要安装底阀。滤网装于底阀下部，用以防止杂物或鱼虾等吸入水泵，而发生事故。

(4) 逆止阀和拍门　逆止阀又叫止回阀，是一个单向阀门，装于水泵出水口附

近。其作用是在水泵突然停车时，防止因压水管的水倒流时损坏水泵和底阀，多用在扬程较高、流量较大的离心泵上。

拍门又叫出水活门，也是一个单向阀，它装在压水管出口。其功用是防止水泵停车后，上水池的水倒流入下水池。拍门一般在流量大、扬程低的水泵上应用。

（5）闸阀　闸阀一般装在逆止阀后面，其主要作用是调节水泵流量，便于水泵启动和平稳停车。

六、潜水泵

潜水泵的特点是将水泵和电机组合成一体，工作时，与普通的抽水机不同的是整个机组潜入水中，只有出水管和电源线留在水面以上。其体积小，重量轻，移动灵活，适应性强，安装方便，不需修建专门的泵房，应用非常广泛。

潜水泵（图 5-9）的种类很多。按扬程可分为浅水泵和深水泵，浅水泵只有一个叶轮，深水泵有两个以上的叶轮。按密封方式可分为干式、半干式、充油式和湿式 4 种。农用潜水电泵多为充油式和湿式。

图 5-9　潜水泵

充油式潜水泵主要由水泵、电机和电机密封装置等组成，见图 5-10。

① 水泵部分。水泵为立式单级离心泵，由上泵盖、下泵盖、叶轮、进水节等组成。在进水节上装有滤网，防止杂质进入水泵。

② 电机部分。电机为笼式三相异步电动机，装在水泵上部，转子轴的伸出端安装叶轮，转子转动带动叶轮工作。电机内充满绝缘油，起润滑、冷却和绝缘作用。

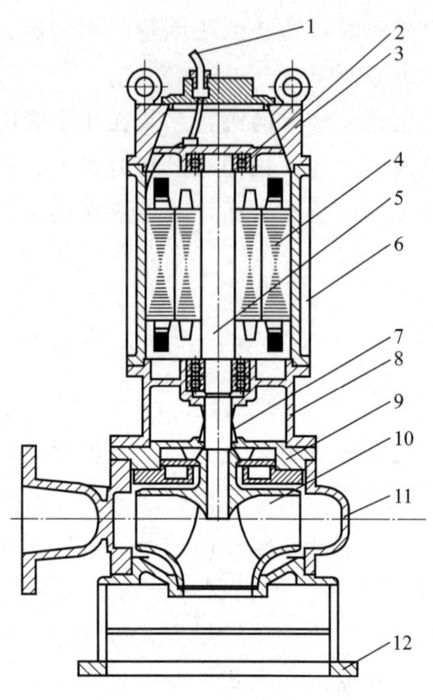

图 5-10 充油式潜水泵结构

1—电机接线；2—轴承；3—电机盖；4—定子；5—转子轴；6—电机壳；
7—机械密封；8—油室；9—油室盖；10—叶轮；11—泵体；12—底盘

③ 电机密封装置。由于电机潜入水中工作，伸出壳体的转子轴与壳体之间必须严格密封，以防止水和杂质进入电机。QY 型潜水电泵采用整体式机械密封装置，装在进水节和电机轴上端盖之间的密封室内。

七、水泵机组的安全使用技术

（一）农用水泵的选型

首先，要因地制宜确定水泵类型。常用的农用水泵有三大类型，即离心泵、轴流泵和潜水泵。离心泵扬程较高，但出水量不大，适用于山区和井灌区；轴流泵出水量较大，但扬程不太高，适用于平原地区使用；潜水泵的出水量和扬程介于离心泵和轴流泵之间，适用于平原和丘陵地区使用。用户要根据本地的地况、水源和提水高度进行选购。

其次，要适当超标选水泵。确定水泵类型后，要考虑其经济性能，特别要注意水泵的扬程和流量及其配套动力的选择。必须注意，水泵铭牌上注明的扬程（总扬程）与使用时的出水扬程（实际扬程）是有差别的，这是由于水流通过输水管和管路附近时会有一定的阻力损失。所以，实际扬程一般要比总扬程低10%～20%，出水量也相应减少。因此，实际使用时，只能按铭牌所注扬程和流量的80%～90%估算。

水泵配套动力的选择，可按标牌上注明的功率选择，为了使水泵启动迅速和使用安全，动力机的功率也可略大于水泵所需功率，一般高出10%左右为宜；如果已有动力，选购水泵时，则可按动力机的功率选购与之相配套的水泵。有的水泵机组的配套动力厂家已经选配好了，用户可省去选配动力机的环节。

（二）水泵管路及附件的选用

1. 水管直径的确定

水管直径过小，损失扬程显著增加，动力消耗增多。水管直径过大，则增加了水管投资，也不经济。在一般情况下，以进水管直径比水泵进口直径大50mm为宜，出水管直径与水泵出口直径相等，但不能小于水泵出口直径。

2. 水泵附件的选择

水泵附件应根据水泵类型和流量大小、扬程高低等因素选择。底阀只用于灌引水启动的水泵，闸阀用于在工作中需要调节流量或用真空泵抽真空引水启动的水泵。逆止阀用于扬程高、流量大的离心泵。对于扬程低而流量大的轴流泵、混流泵，一般在压水管出口处安装一个拍门即可。真空表和压力表一般用在大型水泵上。

（三）水泵的安装

以离心水泵为例说明水泵的安装。

1. 水泵安装位置的选择

在确定水泵安装地点时，应注意以下几点。

① 在确保安全的情况下，水泵安装位置应尽量靠近水源和陡坡，以缩短进、出水管长度，减少不必要的弯管，减少漏气的机会和扬程损失。

② 水泵距河面或进水池水面的垂直高度，应保证在最低枯水位时吸水扬程不超过规定值，而在洪水季节不淹没动力机。

③ 水泵安装的地方，地基要坚固、干燥，以免水泵在运行中因震动造成下陷和电动机受潮。

④ 安装水泵的场地要有足够的面积，以便拆卸检修。

2. 水泵的基础

（1）固定安装的基础　一般都用混凝土浇筑。混凝土按质量，可采用1份水泥、2 份黄沙、5 份碎石拌水制成。基础的尺寸，可较水泵动力机座（或共同底座）长、宽各大 10～15cm，深度比地脚螺栓深 15～20cm。基础应高出地面 5～15cm。

进行混凝土浇筑时，可采用一次灌浆法或二次灌浆法。一次灌浆法，是在浇筑基础前，预先用模框固定地脚螺栓，然后一次把地脚螺栓浇筑在混凝土内，它的优点是：缩短施工期限，提高地脚螺栓的稳固性。其缺点是对地脚螺栓位置的确定要求较高。二次灌浆法，是预先留出地脚螺栓孔，等水泵和动力机装上基础，上好螺母后，再向预留孔浇灌水泥浆，使地脚螺栓固结在基础内。这种方法的优点是安装时便于调节，但二次浇灌的混凝土有时结合不好，影响地脚螺栓的稳固性。一般安装小型水泵时采用一次灌浆法，大型水泵则采用二次灌浆法。

（2）临时安装的机组　可以将水泵和动力机共同安装（也可分开安装）在硬木做的底座上，把底座埋在土内或在周围打上木桩即可。

3. 水泵和动力机安装中的注意事项

混凝土基础凝固后，即可安装水泵和动力机。安装时，应该注意以下几点。

① 有共同底座的水泵，应先安装共同底座，并注意找水平。

② 水泵和电动机采用联轴器直接连接时，为防止机器发生震动和损坏水泵，水泵和动力机轴必须同心，检查方法如图 5-11 所示，用直尺在两联轴器上下左右四个方向检查，如直尺与两联轴器都能紧贴而无间隙，则表明两轴同心。如不同心，则要在水泵或电动机底座下加适当垫片调整。

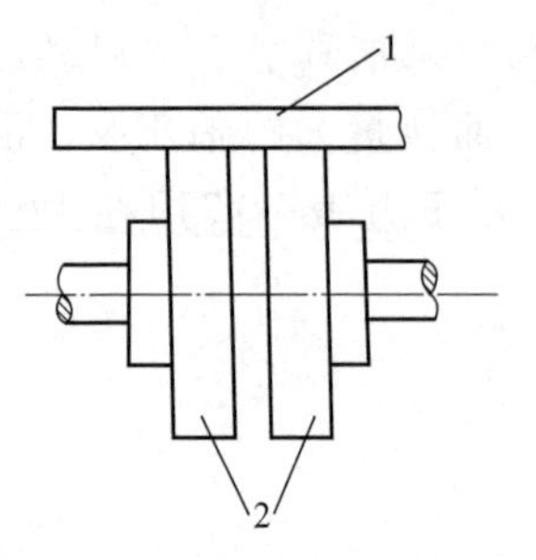

图 5-11　用直尺检查两轴同心
1—直尺；2—联轴器

③ 水泵与电动机联轴器间应有一定间隙，以防止水泵或电动机轴出现少许轴向移动时，两联轴器相碰，影响机组工作。口径 300mm 以下的水泵，间隙为 2～4mm；口径 350～500mm 的水泵，间隙为 4～6mm；口径 600mm 以上的水泵，间隙为 6～8mm。此间隙必须左右一致，否则说明水泵轴与电动机轴不在一直线上。

④ 采用带传动的水泵，动力机带轮与水泵带轮宽度中心线应在同一直线上，且两轴平行（开口或交叉传动）。检查方法，如两带同宽，可如图 5-12 所示，用一细线，一头接触 a 点，另一头慢慢向 d 点靠近，如果细线同时接触 b、c、d 三点，则符合要求。另外，对开口式带传动，应使松边在上，紧边在下，以增大包角。

4. 进水管的安装

进水管路安装不当，会造成水泵不出水，或影响水泵正常工作，应引起重视。

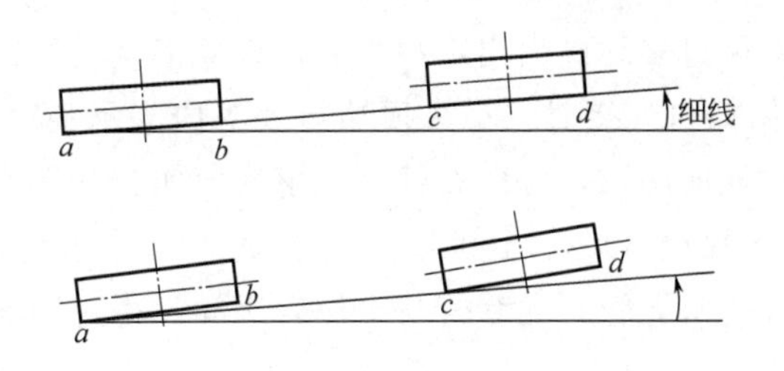

图 5-12　用细线检查两带轮相互位置

① 进水管路必须牢固支承，不应压在水泵上，各接头处应严格密封，不得漏气。

② 带有底阀的进水管，应垂直安装，如受地形限制需斜装时，与水平面的夹角应大于 45°，且阀片方向应如图 5-13 所示，以免因底阀不能关闭或关闭不严，影响水泵工作。

③ 弯头不能直接与水泵进口相连，而应装一段长度约为 3 倍直径的直管段，如图 5-8(a) 所示。否则，将造成水泵进口水流紊乱，影响水泵效率。

④ 整个进水管路应平缓地向上升，任何部分不应高出水泵进口的上边缘，以防管内积聚空气，影响吸水 [图 5-8(b)、(c)]。

⑤ 底阀应有一定的淹没深度，最低不能小于 0.5m。底阀到池底距离，应等于或大于底阀直径（但最小不应小于 0.5m），如图 5-14 所示。

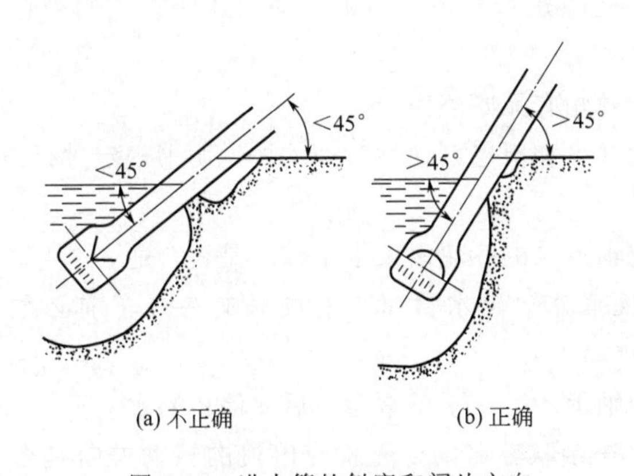

图 5-13　进水管的斜度和阀片方向

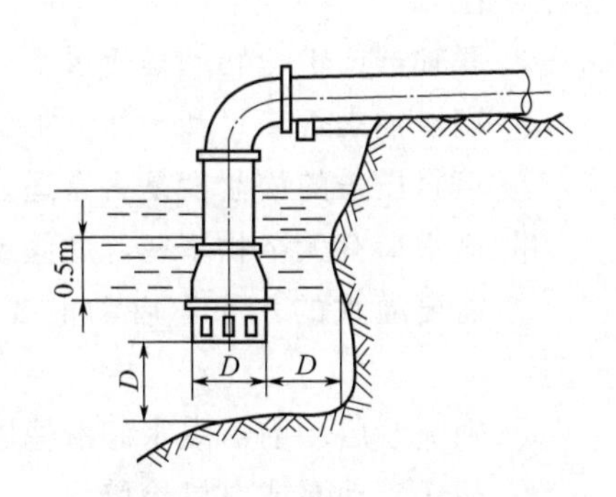

图 5-14　底阀安装示意图

5. 出水管路的安装

① 出水管路上，每隔一定距离应建一个支座支住水管，以防水管滑动和使水泵承受出水管重力。

② 为了避免功率浪费，水泵出水管的出口应尽量接近出水池水面或浸没在出

水池水面以下，而不可过多地高出出水池水面，以免浪费功率。

③ 当出水管采用插口连接时，小头顶端与大头内支承面之间要有 3～8mm 间隙，小头与大头间的径向间隙，应以石棉水泥填塞紧实，如图 5-15(a) 所示。石棉与水泥的配合比是石棉绒 30%，400 号以上水泥 70%，水为两者合量的 10%～12%；接头采用套管的水泥管，在套管与水泥管之间，也应用石棉水泥和油麻绳填塞好 [图 5-15(b)]。

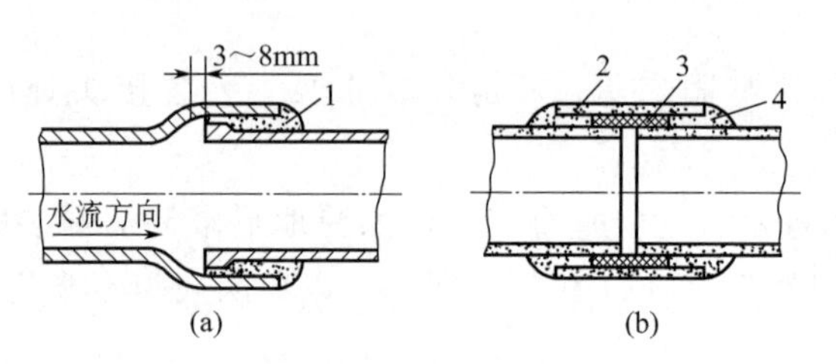

图 5-15　水管连接

1—石棉水泥；2—套管；3—油麻绳；4—石棉水泥

（四）水泵机组启动前的检查与调整

① 机组是否固定良好，水泵出入口管线及附属管线、法兰、阀门安装是否符合要求，地脚螺栓及地线是否良好，各部位螺钉是否松动。

② 电机与水泵的两轴是否同心，间隙是否合适。用带传动的还应检查两带轮是否对正。

③ 联轴器或带轮转动是否灵活，叶轮有无摩擦声。

④ 润滑油是否充足和干净，加油多少和新老泵换油时间均按说明书规定进行。

⑤ 填料压盖的松紧度是否合适。

⑥ 进水口有无杂物堵塞，底阀或轴流泵的叶轮浸没水中深度是否合适。

⑦ 需要灌水的水泵，启动前要灌满水。出水管路上有闸阀的在开车前必须关闭。

⑧ 轴流泵启动前需灌水润滑橡胶轴承，等水泵正常运转后才停止灌水。

⑨ 初次启动泵或电机检修后，在连接联轴器前，先检查电机的转动方向是否正确。

（五）水泵的启动和启动后的操作

一切准备工作完成后，即可启动动力机。有些低扬程、无闸阀的小型离心泵可直接启动抽水。安有闸阀的大型离心泵开始转速要慢，逐渐加快至额定转速。待水泵旋转正常转速后，旋开真空表和压力表的阀门，观察其数值是否正常，如正常可将出水闸阀逐渐开到最大值。机组转速稳定至开动闸阀之间的间隔时间不得超过3～5min。

启动电机时，若启动不起来或有异常声音时，应立刻切断电源检查，消除故障后方可启动。

启动时，注意人不要面向联轴器，以防飞出伤人。

水泵在运行中应随时注意下列维护保养工作。

① 机器运转声是否正常，如有异音应停机检查。

② 检查各种仪表工作是否正常。

③ 检查水泵流量是否正常。

④ 检查填料处滴水是否正常。过多过少时应调节压盖螺钉，使填料正常压紧恰到好处。

⑤ 检查水泵和水管各部分有否漏水漏气情况。

⑥ 轴承温度以不烫手为宜，过高到70℃左右会烫手，应停车。

⑦ 吸水池水面下降到影响流量时，应降低水泵安装位置或在吸水扬程允许范围内再接上一段水管。

⑧ 传动带上应适时擦上一些润滑油。

（六）离心泵的停泵操作

① 慢慢关闭泵的出口阀。

② 切断电机的电源。

③ 关闭压力表手阀。

④ 停车后，不能马上停冷却水，当泵的温度降到80℃以下方可停水。

⑤ 根据需要，关闭入口阀，泵体放空。

（七）离心泵操作时的注意事项

① 离心泵在运转时要避免空转。

② 避免在关闭出口阀情况下长时间运转。

③ 严禁用水冲洗电动机。

④ 离心泵要在关闭出口阀的情况下启动。

（八）水泵的保管

① 尚未安装好的水泵在未上漆的表面应涂覆一层合适的防锈剂，用油润滑的轴承应该注满适当的油液，用脂润滑的轴承应该仅填充一种润滑脂，不要使用混合润滑脂。

② 短时间存放的水泵，应排干净液体，冲洗抽吸管线、排放管线、泵壳和叶轮，并排净泵壳、抽吸管线和排放管线中的冲洗液。

③ 排净轴承箱的润滑油，再加注干净的润滑油，彻底清洗油脂并再填充新油脂。

④ 把吸入口和排放口密封起来，把泵储存在干净、干燥的地方，保护电机绕组免受潮湿，用防锈液和防蚀液喷射泵壳内部。

⑤ 泵轴每月转动一次以免冻结，并润滑轴承。

（九）离心泵常见故障及排除方法

离心泵常见故障及排除方法见表 5-2。

表 5-2 离心泵常见故障及排除方法

故障现象	故障原因	排除方法
泵不吸水、压力表的指针剧烈跳动	①泵体内有空气 ②管路或仪表漏气 ③底阀未打开或已淤塞 ④吸水管路的阻力太大 ⑤吸水高度太高	①往泵内注水 ②拧紧堵塞处 ③打开或冲洗底阀 ④清洗或更换吸水管路 ⑤降低吸水高度
流量不足或扬程太低	①叶轮或进水管路阻塞 ②密封体磨损过多,或叶轮损坏 ③转速低于规定值	①清洗叶轮或管路 ②更换损坏的零件 ③调整至额定转速
泵不出水,压力表显示有压力	①出水管路阻力太大 ②旋转方向不对 ③叶轮堵塞 ④转速不够	①检查出水管路 ②纠正电机的旋转方向 ③清洗叶轮 ④检查电源电压提高转速
泵消耗的功率过大	①填料压得太紧 ②叶轮与密封磨损 ③流量太大	①拧紧填料压盖 ②检查原因,消除机械摩擦 ③减小闸阀的开度
泵内部声音正常,泵不上水	①吸水管阻力太大 ②吸水高度过高 ③吸水处有空气吸入 ④所吸送水温度过高 ⑤流量过大而发生汽蚀现象	①清理吸水管路及底阀 ②降低吸水高度 ③检查底阀,降低吸水高度,堵塞漏水处 ④降低温度 ⑤调节出水闸阀,使之在规定的性能范围内运转
泵不正常、振动	①泵发生了汽蚀 ②叶轮不正确 ③泵轴与电机不同心 ④底脚螺钉松动	①调节出水闸阀,使之在规定的性能范围内运转 ②叶轮校正平衡 ③校正泵轴与电机的同轴度 ④拧紧底脚螺栓
轴承发热	①轴承内没有润滑油 ②泵轴与电机轴承不在同一中心线上	①检查并清洗轴承,加润滑油 ②校正两轴同轴度在同一中心线上

八、喷灌系统安全使用技术

喷灌是我国目前发展最快的灌溉技术，其优点如下：节水效果显著，水的利用率可达80%；作物增产幅度大，一般可达20%～40%；大大减少了田间渠系建设及管理维护和平整土地等的工作量；减少了农民用于灌水的费用和劳动力投入，增加了农民收入；有利于加快实现农业机械化、产业化、现代化；避免由于过量灌溉造成的土壤次生盐碱化。

喷灌的缺点是：设备投资较大，对水源要求严格（泥沙含量较多易造成设备堵塞和磨损）。射程和喷射均匀度受风的影响较大，土壤深层湿润不足等。

农业对喷灌作业的主要技术要求：喷灌强度应小于土壤的渗水速度，以免地面积水或流失，造成土壤板结或冲刷；喷灌的水滴对农作物或土壤的打击强度要小，以免损坏作物或使作物倒伏；喷灌水量的分布要均匀，使全部作物都能得到足够的水量。

喷灌系统主要由供水部分、输水管路和喷头组成。供水部分一般包括水源、水泵和动力机；输水管路包括干管、支管、立管以及闸阀和快速接头等；喷头用来将压力水雾化成细小的水滴喷施出去。

（一）喷灌机的种类

喷灌系统按各组成部分的可移动程度不同，分为固定式、半固定式和移动式。

1. 固定式喷灌系统

固定式喷灌系统除喷头根据不同作物和生长季节更换外，其余设备长年固定不动。动力机和水泵固定在机房，干、支管埋在地下，竖管伸出地面，顶端安装喷头（图5-16）。这种喷灌系统的优点是操作方便，生产率高，占地少，在喷水的同时结合施肥、喷施农药，综合利用率高，缺点是一套设备只能在一块地上使用，需要大量管材，一次性投资大，竖管妨碍农田作业，维修困难。一般应用于需要经常灌溉的田地，如苗圃、菜园、温室等。

2. 半固定式喷灌系统

半固定式喷灌系统的动力机、水泵和干管固定不动，支管和喷头可以移动。与固定式喷灌系统相比投资较少，但喷完一个区后，在泥泞地面移动支管比较困难，劳动强度大。为解决这个问题，采用自走式移管装置，如绞盘牵引式喷灌机、时针式喷灌机、平移自走式喷灌机等。下面简单介绍这几种喷灌机的工作过程。

（1）绞盘牵引式喷灌机（图5-17）　绞盘牵引式喷灌机是用软管供水，以绞盘牵引方式前进，使用远射程喷头的一种喷灌机。

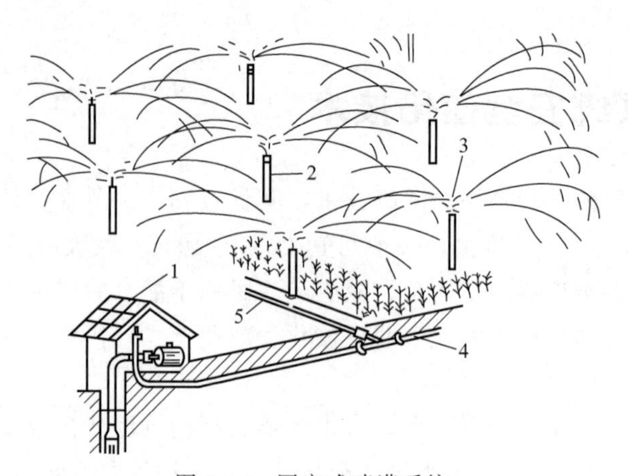

图 5-16　固定式喷灌系统

1—泵站；2—竖管；3—喷头；4—干管；5—支管

这种喷灌机有绞盘钢索牵引式和绞盘软管牵引式两类。前者通过绞盘绞卷其一头固定于对面地头的钢索，以驱动喷头车前进；后者则用绞盘绞卷耐压、耐拉、耐磨、耐扎的供水软管，来牵引喷头车前进。

图 5-17　绞盘牵引式喷灌机

这种喷灌机（以绞盘软管牵引式为例）工作时，先用拖拉机将装有动力机（一般为水力驱动）和绞盘的绞盘车牵引到地头固定好，再将带有远射程喷头的喷头车牵引到地块的另一头，在喷头车被向另一头拖行的过程中，绞盘车上的软管逐渐被放出来，铺在地上。一切准备好后，接通水源，绞盘便在水力驱动装置带动下缓慢转动，收卷软管，这样，喷头车一边前进，一边进行喷洒作业。当软管被卷完毕，喷头即自行停止喷洒。重复上述步骤，开始新的行程。

这种喷灌机大多只有一个喷头，喷头射程一般为 30～90m，绞盘车上一般带有直径 50～130mm、长 200～400m 的软管，每次行程可喷数公顷。这种喷灌机的设备较简单，投资较省，适应地形和超越障碍的能力也较强。其缺点是容易受风影响，水量分布不够均匀。

(2) 时针式喷灌机（图 5-18）　时针式喷灌机又叫中心支轴式喷灌机或圆形喷灌机，其水源设在地块中心。工作时，输水管路（上设有许多旋转的喷头）像钟表的时针似的，绕位于地块中心的支轴旋转，以输水管路为半径做圆形喷灌。

这种喷灌机的输水管路可长达数百米，由多个塔架支撑或悬吊。塔架下设有轮子或其他运动部件，由电力或水力驱动，各绕支轴做同心圆运动。由于设有一套同步机构，整个输水管路在绕支轴旋转时，可基本保持一条直线。

时针式喷灌机的特点是自动化程度高。当机组安装调试好后，即可自动昼夜喷灌，一人可同时管理多套这种设备。同时，它的适应性也比较强，起伏不平的地面和坡度小于25%～30%的丘陵地区均可使用。其输水管路离地间隙高（2～3m），可用于灌溉玉米等高秆作物。由于采用多个中压喷头，射程较近，受风影响小，水量分布较均匀。

（3）平移自走式喷灌机（图5-19）　平移自走式喷灌机的支管支撑在自走式塔架上或行走轮上，作业时动力机带动各行走轮同步滚动，支管在田间做横向平移，由垂直于支管的干管上的给水栓供水，行走一段距离后，就更换一个给水栓供水，喷洒面积为矩形，适用于长方形地块的喷灌。

图5-18　时针式喷灌机

图5-19　平移自走式喷灌机

3. 移动式喷灌系统

移动式喷灌系统仅在田间布置适当的供水点和水渠，其动力机、水泵（多为自吸式离心泵）、喷头和输水管路组成一个整体，可以移动作业（图5-20）。移动方式可以人工搬动，也可以将其装在拖拉机上。作业时，拖拉机沿水渠移动，边吸水边喷洒。其特点是机动灵活，使用方便，投资少；但路渠占地较多。

（二）喷头

喷头是喷灌系统最重要的组成部分，它将压力水喷射到空中，散成细小水滴，均匀地撒布到田间。其结构形式、性能特点和布置方式影响喷灌质量。

喷头的种类很多，按压力和射程不同可分为低压喷头（其工作压力为10～30N/cm^2，射程为5～10m）、中压喷头（其工作压力为30～50N/cm^2，射程为

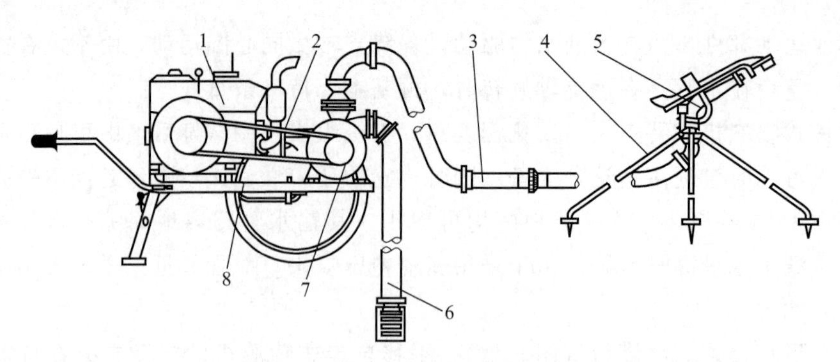

图 5-20　CP-B 轻型喷灌机示意图

1—柴油机；2—传动皮带；3—输水管；4—支架；5—喷头；6—吸水管；7—水泵；8—车架

20～45m）和高压喷头（其工作压力大于 50N/cm^2，射程大于 45m）。按其射出水流的形式可分为固定散水式和旋转射流式。

（1）固定散水式喷头　在喷灌过程中，喷头的所有部件都固定不动，而水流呈全圆或扇形向四周喷洒。因其射出水流分散，射程较小，水量分布也不够均匀。但结构简单，工作可靠，因此，在菜地、温室以及悬臂式喷灌机组上应用较多。按其结构不同可分为折射式（见图 5-21）和缝隙式两种。

（2）旋转射流式喷头（图 5-22）　在喷灌过程中，喷头由旋转机构驱动缓慢转动，使水滴均匀地喷洒在田间，形成一个半径等于射程的圆形或扇形灌溉面积。这种喷头喷出的水舌集中，射程远，是中、高压喷头的基本形式。按其旋转机构不同，可分为摇臂式、反作用式等多种形式。

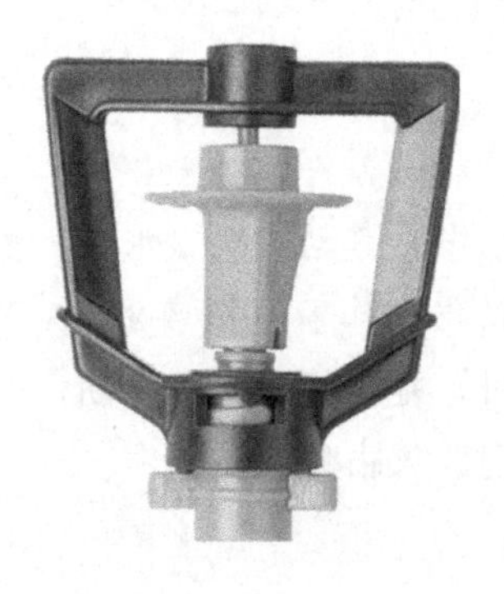

图 5-21　折射式喷头

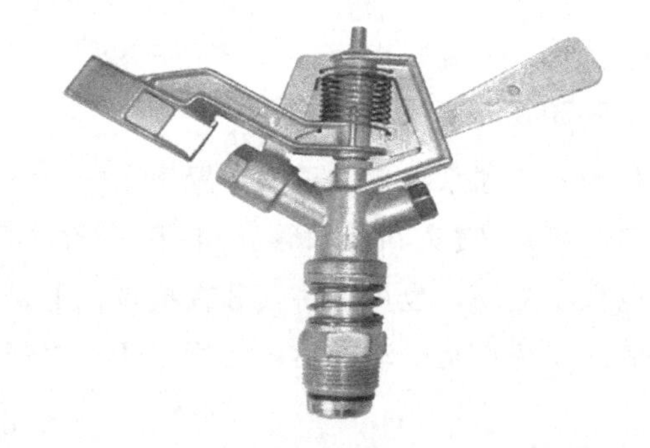

图 5-22　旋转射流式喷头

喷头的工作性能，通常用工作压力、喷水量、射程、喷灌强度、喷灌均匀度、雾化程度和转动周期等来表示。

（三）喷灌系统安全使用技术

1. 喷灌系统使用前的准备

① 采用V带传动时，动力机主轴和水泵必须平行，带轮要对齐，其中心距不得小于两带轮直径之和的2倍。当水泵与动力机相连时，应配共同底盘，可采用爪型弹性联轴器，要注意动力机主轴和水泵轴的同轴度。

② 水泵安装高度（以吸水池水面为基准）应低于允许吸上真空高度1～2m。作业位置的土质应坚实，以防止崩塌或陷入地面。

③ 进水管路安装要特别注意防止漏气。滤网应完全淹没在水中，其深度在0.3m左右，并与池底、池壁保持一定距离，防止吸入泥沙等杂质和空气。

④ 铺设出水管道时，软管应避免与石子、树皮等物体摩擦，避免车轮碾压和行人践踏，切勿与运行机件接触。软管应卷成盘状搬动，切勿着地。硬管应拆成单节搬运，禁止多节联移，以防磨损和损坏管子及接头。管道应避免暴晒和雨淋，以防塑料管变形或老化。

⑤ 将喷头架支撑在地面，喷头架接头端面应尽量安置水平，然后固定喷头架。把喷头安装在喷头架上，检查喷头转动是否灵活，拉开摇臂看其松紧度是否合适，在转动部位加注适量机油。然后将快速接头擦抹干净连接好。

⑥ 启动前，检查泵轴旋转方向是否正确，转动速度是否均匀，不能有卡住、异常声响等不正常现象。

⑦ 离心泵启动前，应向泵内加满水，待充满进水管道及泵体后，方可启动。

2. 喷灌机组的使用

① 水泵启动后，3min未出水，应停机检查。

② 水泵运行中若出现不正常现象，如杂音、振动、水量下降等，应立即停机，要注意轴承温升，其温度不可超过75℃。

③ 观察喷头工作是否正常，有无转动不均匀、过快或过慢、甚至不转动的异常现象。

④ 应尽量避免引用泥沙含量过多的水进行喷灌，否则容易磨损水泵叶轮和喷头的喷嘴。

⑤ 为了适用于不同的土质和作物，需要更换喷嘴，调整喷头转速时，可以拧紧或放松摇臂弹簧来实现。摇臂是悬支在摇臂轴上的，还可以转动调位螺钉调整摇臂头部的入水深度来控制喷头转速。调整反转的位置可以改变反转速度。

⑥ 喷头转速调整好的标志是，在不产生地表径流的前提下，尽量采用慢的转动速度，一般小喷头为1～2min转1圈，中喷头3～4min转1圈，大喷头5～7min转1圈。

3. 喷灌机机组的维护和保管

① 对机组松动部位应及时紧固。

② 对各润滑部位要按时润滑，确保润滑良好和运转正常。

③ 机组的动力机、水泵的保养，应按有关使用说明书进行。

④ 机组长时间停止使用时，必须将泵体内的存水放掉，拆检水泵、喷头，擦净水渍，涂油装配，将进出口机件包好，停放在干燥的地方保存。管道应洗净晒干（软管卷成盘状），放置在阴凉干燥处。切勿将上述机件存放在有酸碱和高温的地方。

⑤ 机架上的螺纹（或快速接头）和易锈部位应涂油妥善存放。

4. 喷灌机组常见故障及排除

喷灌机组常见故障及排除见表 5-3。

表 5-3 喷灌机组常见故障及排除

故障	原因	处理办法
水泵不出水	①自吸泵内储水不够 ②进水管接头漏水 ③吸程过高 ④转速太低	①增加储水量 ②更换密封圈 ③降低吸程 ④提高转速
出水量不足	①进水管滤网或自吸泵叶轮堵塞 ②扬程太高或转速太低 ③叶轮环口处漏水	①清除滤网或叶轮堵塞物 ②降低扬程或提高转速 ③更换环口处密封圈
输水管路漏水	①快接头密封圈磨损或裂纹 ②接头接触面上有污物	①更换密封圈 ②清除接头接触面污物
喷头不转	①摇臂安装角度不对 ②摇臂安装高度不够 ③摇臂松动或摇臂弹簧太紧 ④流道堵塞或水压太小 ④空心轴与轴套间隙太小	①调整挡水板、导水板与水流中心线相对位置 ②调整摇臂调位螺钉 ③紧固压板螺钉或调整摇臂弹簧角度 ④清除流道中堵塞物或调整工作压力 ⑤打磨空心轴与轴套或更换空心轴与轴套
喷头工作不稳定	①摇臂安装位置不对 ②摇臂弹簧调整不当或摇臂轴松动 ③换向器失灵或摇臂轴磨损严重 ④换向器摆块突起高度太低 ⑤换向器的摩擦力过大	①调整摇臂高度 ②调整摇臂弹簧或紧固摇臂轴 ③更换换向器弹簧或摇臂轴套 ④调整摆块高度 ⑤向摆块轴加注润滑油
喷头射程小，喷洒不均匀	①摇臂打击频率太高 ②摇臂高度不对 ③压力太小 ④流道堵塞	①调整摇臂弹簧 ②调整摇臂调节螺钉，改变摇臂吃水深度 ③调整工作压力 ④清除流道中堵塞物

九、滴灌系统安全使用技术

滴灌是通过滴灌设备在低压下经常地、缓慢地向土壤提供经过过滤的水、肥料的灌溉技术。它没有沟渠流水和喷头，低压水从滴头滴出后，靠重力和毛细管作用进入作物根系附近的土壤，形成葱头状湿润区，使之保持最佳含水状态。它是目前干旱缺水地区最有效的一种节水灌溉方式，其水的利用率可达95%。滴灌较喷灌具有更高的节水增产效果，同时可以结合施肥，提高肥效一倍以上。可适用于果树、蔬菜、经济作物以及温室大棚灌溉，在干旱缺水的地方也可用于大田作物灌溉。其缺点是滴头容易堵塞、灌溉水中的盐分积累在作物根系土壤附近影响作物生长、成本高等。

（一）滴灌系统的分类

滴灌可分为地表滴灌、地下滴灌和微喷灌。地表滴灌是通过末级管道（称为毛管）上的灌水器，即滴头，将压力水以间断或连续的水流形式灌到作物根区附近土壤表面的灌水形式；地下滴灌是将水直接施到地表下的作物根区，其流量与地表滴灌相接近，可有效减少地表蒸发，是目前最节水的一种灌水形式。微喷灌是利用直接安装在毛管上，或与毛管连接的灌水器，即微喷头，将压力水以喷洒状的形式喷洒在作物根区附近的土壤表面的一种灌水形式，简称微喷。微喷灌还具有提高空气湿度，调节田间小气候的作用。

（二）滴灌系统的结构

1. 组成

滴灌系统由水源工程、首部枢纽、输配水管网和灌水器四部分组成（图5-23）。

（1）水源　江河、渠道、湖泊、水库、井、泉等均可作为微灌水源，但其水质需符合微灌要求。

（2）首部枢纽　包括水泵、动力机、肥料和化学药品注入设备、过滤设备、控制器、控制阀、进排气阀、压力流量测量仪表等。

（3）输配水管网　输配水管网的作用是将首部枢纽处理过的水按照要求输送分配到每个灌水单元和灌水器，输配水管网包括干管、支管和毛管三级管道。毛管是微灌系统的最末一级管道，其上安装或连接灌水器。

（4）灌水器　灌水器是直接施水的设备，其作用是消减压力，将水流变为水滴或细流或喷洒状施入土壤。常用的灌水器是滴头。

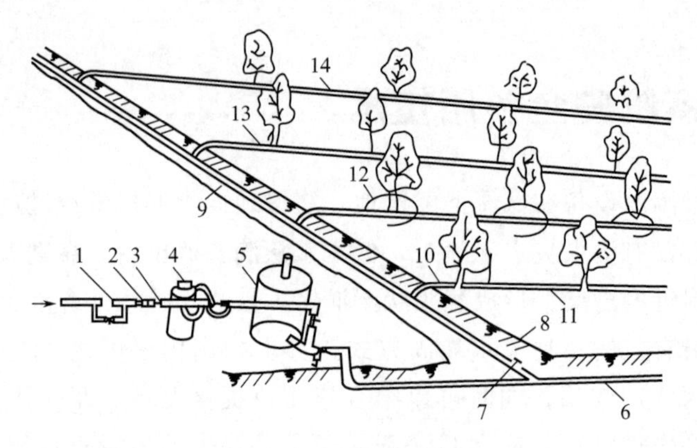

图 5-23　滴灌系统

1—逆止阀；2,7—闸阀；3—压力调节器；4—化肥罐；5—过滤器；6—干管；8—压力控制阀；9—支管；10—毛管；11—滴头；12—绕树毛管；13—多出水口滴头；14—多孔毛管

2. 主要设备

（1）滴头与滴灌管　滴头为塑料制品，其功用是使压力水经过毛管流入滴头后能量减少，并以稳定、均匀的速度滴入土壤，滴量一般为 7～15L/h。市面上常见的滴头如图 5-24 所示。

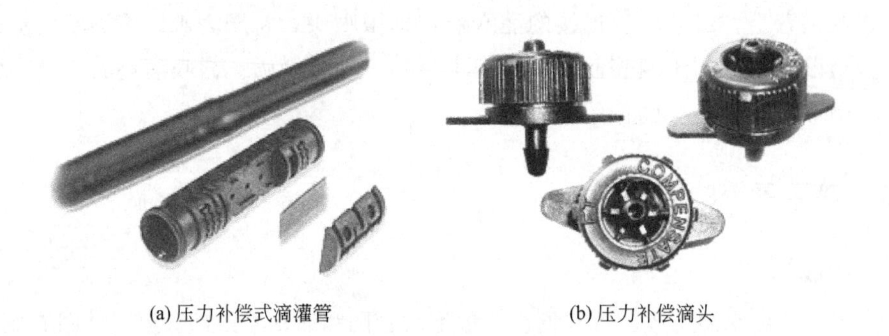

(a) 压力补偿式滴灌管　(b) 压力补偿滴头

图 5-24　滴头与滴灌管

（2）过滤器　过滤器与滴灌系统能否正常运行有密切关系，用它来除去水中各种悬浮物和沉淀物，常用的有砂砾过滤器、网筛过滤器和离心式过滤器。

（三）滴灌系统的安全使用技术

1. 初次使用

管道初次投入使用时，为了避免污物堵塞，要求打开干管、支管和所有毛管的堵头进行冲洗。为了提高冲洗效果，可以逐条支管依次冲洗。冲洗时间为10～15min左右，冲洗完后先关闭干管上的排水阀，然后关闭支管排水阀，最后封堵毛管尾端。

2. 日常使用

① 在水泵开车前，首先关闭总阀门，并打开准备灌溉管道上的阀门。然后开动水泵，缓慢打开总阀门，向灌水的支管道缓慢地充水，充水水流速度不得大于0.5m/s，时间不得少于5～10min，以防引起水锤。调整好工作压力，直到符合灌溉要求。

② 在管道停止运行时，为防止因阀门关闭过快而引起水锤破坏管道，要缓慢关闭阀门。

3. 操作规程

① 首先打开轮灌区控制阀门，使滴灌管（带）能够正常出水，在此基础上逐级打开上游阀门，以保证灌溉系统的安全。

② 严格控制灌溉系统的工作压力，不可过高或过低，否则将造成管路破坏或影响灌溉质量。

③ 灌溉要按计划轮灌区进行，在前后轮灌区切换时，阀门开关应先开后关。

④ 作物需施肥时，将肥料装入施肥罐，之后封闭罐盖；打开供肥阀门，再打开进水阀门；然后关小支管阀门，使阀门前、后的输水管道的压力产生约0.05MPa压差，从而使施肥料进入输水管道中，给作物施肥。滴施肥应在每个轮灌区滴水1/3时间后才可滴施，并且在滴水结束前半小时停止施肥。轮灌组更换前应有半小时的管网冲洗时间。

⑤ 关闭系统时，首先关闭水泵等动力系统，然后逐级关闭各级阀门。开关阀门时应缓慢转动，严禁速度过快，防止管道内产生水锤现象，损坏管道和水泵。

4. 滴灌系统的保养与维护

① 应定期检查首部系统特别是过滤器，做到定期冲洗排沙，清洗滤网，如发现滤网损坏，要及时更换。

② 沙石过滤器要注意定期反冲洗，保证过滤质量。

③ 离心过滤器要根据水的含沙量，定期排除砂罐内的积砂和污物。

④ 滴灌管（带）为薄壁管，收放时不可用力拉扯或扭曲，以延长使用寿命。

⑤ 在非灌溉周期时，应定期排除管道内的积水，防止冬季冻裂管道，影响下一年的正常使用。

⑥ 所有管道中的阀门要定期加注润滑脂，防止锈死。进排空气阀要定期检查是否灵活，进排气是否畅通。

5. 滴灌系统常见故障及排除

滴灌系统常见故障及排除方法见表 5-4。

表 5-4 滴灌系统常见故障及排除方法

故障现象	故障原因	排除方法
水泵不出水	①储水罐内水量不足 ②进水管路漏水 ③密封损坏 ④叶轮损坏 ⑤吸程过高	①加足储水 ②检修进水管路 ③更换填料 ④更换叶轮 ⑤降低吸程
出水量不足	①滤网或叶轮堵塞 ②转速不够 ③滤网淹没度不够 ④密封磨损 ⑤水泵反转	①清除堵塞 ②调整转速 ③增大淹没深度 ④更换密封环 ⑤更换三相电机任意两个接线
压力不平衡	①出地管闸阀开关不合理 ②管网堵塞 ③过滤器堵塞	①调整出地管闸阀开关直至平衡 ②检查清除管网堵塞物 ③反冲洗过滤器
滴头流量不均匀，个别滴头流量减少	①系统压力不合理 ②管网中有杂质或堵塞 ③管道破损	①调整系统压力 ②滴水前或结束时冲洗管网，排除堵塞杂质 ③分段检查，更换破损管道(件)
毛管漏水	毛管破损	更换破损毛管
毛管边缝呲水或毛管爆裂	压力过大	调整压力，使毛管首端小于设计工作压力(一般为 0.1MPa)
系统面积有积水	灌水时间不合理	测定土质成分与流量，分析原因，缩短灌水延续时间

思考题

1. 调研当地节水灌溉方法及设备，并比较各自的优缺点。
2. 调查当地节水灌溉系统的安全使用方法有哪些？
3. 总结灌溉系统维护保养的项目分别有哪些？
4. 调查当地在农田灌溉方面存在哪些问题？你有何建议？

单元六 收获机械安全使用技术

收获是作物生产田间作业的最后一个环节，其季节性强。使用机械收获，可加快收获进度，减轻劳动强度，节省劳动力，减少收获损失。因此，小麦、水稻、玉米等的谷物收获机械和蔬菜、水果类的收获机，都得到日益广泛的应用。

一、谷物收获方法

谷物的收获过程一般包括收割、脱粒和清选等作业环节。目前采用的机械化收获方法有以下几种。

(1) 分别收获　用人工或机械将作物割倒、铺放在田间，打捆运输，在田间或打谷场进行脱粒，最后进行分离和清选。其优点是：机具结构简单，设备投资少，易于掌握和推广。但劳动强度和收获损失大，生产率较低。

(2) 联合收获　用联合收获机在田间一次完成收割、脱粒和清选等作业。其优点是：生产率高、劳动强度和收获损失小。但机器结构复杂，一次性投资大，对使用技术要求高，对谷物干湿和成熟不一致的情况适应性较差。

(3) 分段收获　将谷物收获过程分两段进行。先用割晒机或收割机将谷物割倒，成条铺放在割茬上，经 3～5d 的晾晒和后熟，再用带捡拾器的联合收获机进行捡拾、脱粒和清选。这种收获方法因充分利用了作物的后熟作用，可提前收割，延长了收获期，解决了工作量集中的矛盾；谷粒经后熟后，籽粒饱满，产量高、质量好。但在多雨潮湿地区，谷物铺放在田间，易发芽和霉烂，不易采用此法。

二、谷物收获机械的种类

按用途不同可分为下列三种类型。

（1）收割机　完成谷物的收割和铺放两道工序。按谷物铺放形式的不同，可分为收割机、割晒机和割捆机。

（2）脱粒机　按完成脱粒工作的情况及结构的复杂程度，可分为简易式、半复式和复式 3 种。

（3）联合收获机　联合收获机按与动力配套方式，可分为牵引式、自走式和悬挂式。

另外按收获对象的不同，可分为麦收获机械、稻收获机械、稻麦两用收获机械和玉米收获机械等。

三、谷物收割机分类

收割机完成谷物的收割和铺放两道工序。

（1）按谷物铺放的形式分类　可分为收割机、割晒机和割捆机。

① 收割机将作物割断后进行转向条铺，即把作物茎秆转到与机器前进方向基本垂直的状态进行铺放，以便于人工捆扎。

② 割晒机将作物割后进行顺向条铺，即把茎秆割断后直接铺放于田间，形成禾秆与机器前进方向基本平行的条铺。适于用装有捡拾器的联合收割机进行捡拾联合收获作业。

③ 割捆机将作物割断后进行打捆，并放于田间。

（2）按割台输送装置分类　可分为立式割台收割机、卧式割台收割机和回转式割台收割机。

（3）按与动力机的连接方式分类　可分为牵引式和悬挂式两种。悬挂式应用比较普遍，且一般采用前悬挂，以便于工作时自行开道。

四、谷物收割机的构造和工作过程

收割机多与手扶拖拉机或小四轮拖拉机配套，一般由牵引或悬挂装置、传动机构和收割台三部分组成。收割台一般由分禾器、拨禾装置、切割器和输送装置等组成。

1. 卧式割台收割机

采用卧式割台，其纵向尺寸较大，但工作可靠性好，割幅较宽的收割机采用这种形式。工作时，分禾器插入谷物，将待割和不割的谷物分开，待割谷物在拨禾装置作用下，进入切割器被切割，割下的谷物被拨禾装置推送，卧倒在输送带上被送往割台一侧，成条铺放于田间。图 6-1 为卧式割台收割机工作示意图。

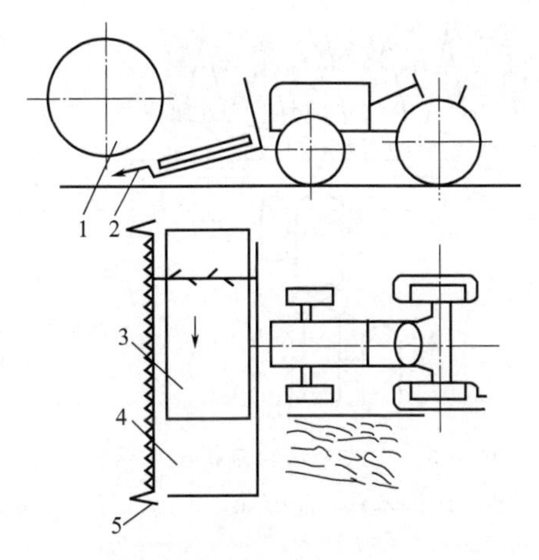

图 6-1 卧式割台收割机工作示意图

1—拨禾轮；2—切割器；3—输送带；4—放铺口；5—分禾器

2. 立式割台收割机

采用立式割台，被割断的谷物以直立状态进行输送，因而其纵向尺寸较小，小型收割机多采用这种形式。图 6-2 为 4GL-130 型收割机的结构示意图，该机由分禾器、扶禾器、切割器、输送装置、传动装置、操纵装置和机架等部分组成。

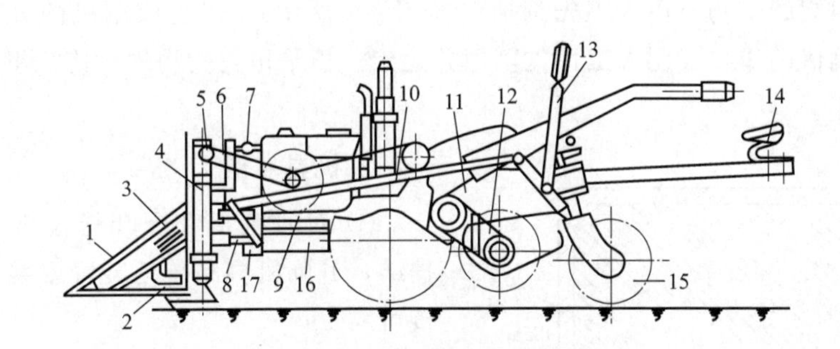

图 6-2 4GL-130 型收割机的结构

1—分禾器；2—切割器；3—扶禾器；4—割台机架；5—传动系统；6—上支架；7—张紧轮；8—下支架；9—支承杆；10—钢丝绳；11—旋耕机；12—平衡弹簧；13—操作手柄；14—乘座椅；15—尾轮；16—机架；17—起落架

作业时，分禾器插入作物中，将待割与暂不割作物分开，由扶禾器将待割作物拨向切割器，割下的作物在星轮和压簧的作用下，被强制保持直立状态，由输送装置送至一侧，茎秆根部首先着地，穗部靠惯性作用倒向地面，同机组前进方向近似垂直地条铺于机组一侧。图 6-3 为立式割台收割机的工作示意图。

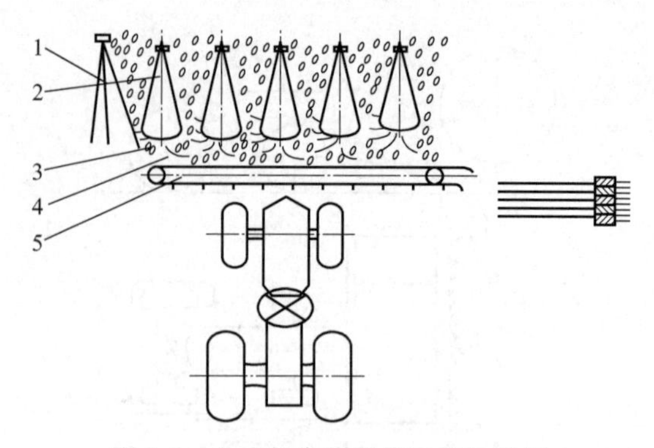

图 6-3 立式割台收割机工作示意图

1—分禾器；2—扶禾器；3—星轮；4—弹簧杆；5—输送带

五、谷物收割机的安全使用技术

（一）收割前的准备

1. 田块准备

田块四周的作物要用人工先割掉（如图 6-4 所示），以免收割机的分禾器撞田埂。严重倒伏的作物要用人工预先割掉并运走。填平田间的沟坎，使机组能较平稳地进行作业。

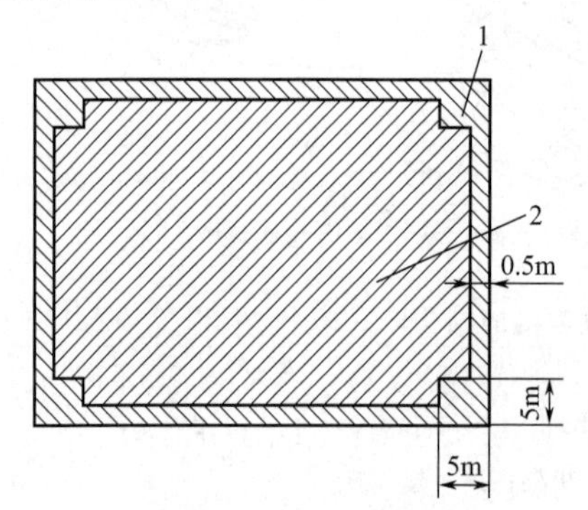

图 6-4 准备好的田块

1—人工预先割掉的部分；

2—用机械收割的田块

2. 机具准备

① 对收割机和配套拖拉机进行正确挂结，升降机构和传动装置安装正确，连接可靠。

② 检查和调整各工作部件，达到正确的技术状态。

③ 按说明书规定的润滑点进行润滑。

④ 试运转：先用手摇车，带动各部分运转，无碰撞、卡滞现象时，用小油门使收割机运转，然后逐渐加大油门至额定转速，运转 15～20min，观察各部分运动情况，并检查升降是否符合要求。

⑤ 停机后检查各紧固件是否松动。确认正常后方可进行田间作业。

（二）收割机的调整

(1) 切割器的调整　收割机在使用中因磨损、振动和松动等原因，使刀梁、动刀杆和护刃器等变形，而影响切割质量，故应经常检查，及时调整。检查的主要内容是对中、整列和密接。

① 对中调整。动刀片处于两端极限位置时，动刀片中心线应与护刃器中心线重合，其偏差不大于5mm。调整方法因驱动机构的不同而异，摆环机构是移动刀头与弹片之间的位置，使摆环箱的摆臂也处于相应的极限位置。

② 整列调整。所有护刃器的工作面应在同一平面。可在两侧护刃器之间拉直线检查。调整方法可用一截管子套在护刃器尖端校正，也可用榔头轻轻敲打校正，但要防止护刃器断裂。

③ 密接调整。动刀片与护刃器的工作面应贴合，其前端间隙不允许超过0.5mm，后端间隙不允许超过1.5mm。动刀片与压刃器工作面之间的间隙允许在0.1～0.5mm之间，调整方法是加减调整垫片，或用榔头轻轻敲打压刃器。调整后，动刀片应左右滑动自如。

(2) 分禾器的调整　分禾器尖应与最外侧护刃器尖相对应或有少许外倾斜为宜。分禾器向内倾斜时割幅减小，内倾过大会将作物向分禾器外排挤拥倒；分禾器向外侧倾斜过大时，会增大割幅，造成端部割刀切割量大或堵刀，会导致切割器工作不正常。

(3) 扶禾器的调整　各扶禾器尖应在同一直线上，允许有不大于5mm的偏差，扶禾器两尖间的距离差也不允许大于5mm。

(4) 立式割台输送带的调整

① 及时张紧上下轮输送带的紧度，但不宜过紧，以不打滑为准。

② 作物输送间隙（指上拨齿与星轮或扶禾轮之间的距离）一般为60～90mm。作物密度大时，间隙应调大；反之调小。

③ 根据作物高度调整上输送带的高低位置。一般使之作用在作物自然高度的1/3～2/5处，并注意防止拨齿拨碰作物穗部。

④ 上输送带前后倾斜度的调整。当作物密度大时，可适当前倾，增大输送能力；作物较稀或较矮时，可适当后倾。

（三）收割机操作要点

① 根据作物生长情况（高、矮、稀、密）和地形，正确选择机器前进速度（一般为3.5～5km/h）。地头转弯、过渠埂时应减速。

② 开始收割前，应先转动收割机各工作部件使之运转，然后小油门平稳起步，

当割刀将要接触作物前加大油门进行作业。收割机应沿播、插方向尽量走直，满幅工作。

③ 作业机组一般采用回形走法，地头转弯时应升起割台，待作物全部送出后再切断动力，停止运转。

④ 潮湿或带露水的作物不宜收割，待干后再收割。收割倒伏作物时，要采用逆向收割或侧向收割方式，以减少收割损失。

⑤ 作业过程中要按时检查，按时保养，发现异常时，要及时停车检查。检查时应将机组退到已割地面，切断动力，升起割台并可靠锁定和支垫后，方可进行检修。

（四）收割机的安全生产

① 掌握好适宜的收割时机，雨后或作物湿度较大时，不宜马上工作。

② 遇地面不平整及水田泥烂情况，应适当调高割茬，以免造成机具损坏。

③ 收割机在田间出现故障时，应及时停车检查，严重时应熄火后再排除。

（五）收割机的维护与保养

收割机的保养有班前保养、作业中的保养、班后保养、季节保养和封存。对收割机进行正确的保养，可以减少故障，延长使用寿命。

(1) 班前保养　班前按规定对机器进行润滑；检查各部分紧固情况和操纵情况；调整传动带的张紧度；空转观察各部分运转情况，应无异响或卡滞现象。

(2) 作业中的保养　随时注意收割机作业情况，及时清除工作部位的缠草、草屑和泥土。清理割台时，必须使收割机停止运转。注意传动带的张紧度是否合适。

(3) 班后保养　收割机停放时应使收割台着地，不要悬挂。清除泥土和缠草，清理切割器，并检查技术状态是否完好，如有异常应进行调整，然后注少量机油。检查各零件有无损坏，紧固件是否松动，不正常应及时更换和紧固。

(4) 季节保养和封存　每季工作结束后，要全面进行保养一次：拆下割台、挂结、操纵提升等各部件，检查轴承磨损情况、机架与刀梁有无变形，更换损坏的零部件，加注润滑油。卸下输送皮带和传动带，挂在阴凉干燥通风处。检查切割器，若有崩刃或磨损严重的应更换，铆钉松动的应重新铆紧。齿轮磨损严重的应更换，齿轮箱加注润滑油。检查完毕后，凡有脱漆部分应重新补漆，然后将收割机放在室内或有盖的棚里，用木板将割台垫起离地并放平。

（六）谷物收割机常见故障及排除方法

谷物收割机常见故障及排除方法见表 6-1。

表 6-1 谷物收割机常见故障及排除方法

故障现象	故障原因	排除方法
割台突然停止工作	①割台卡着铁丝或硬物 ②张紧轮不起作用，V 带打滑 ③动刀片或定刀片铆钉松动，刀片被卡死 ④机器过田埂时提升过高，张紧轮松弛，V 带打滑	①切断动力后，将铁丝、石块或其他杂物清除掉 ②调整张紧轮 ③停机，铆紧铆钉 ④在收割过程中，机器提升不宜过高
输送堵塞	①上、下输送带松弛，不转动 ②田间杂草过多，将扶禾星轮缠住 ③起步不平稳 ④作物不熟或太湿 ⑤压力弹簧松动 ⑥作物严重倒伏或乱倒伏 ⑦拖板碰地壅土	①调整输送带被动轮螺杆，使输送带张紧。如螺杆调到顶点，带仍长，则将带截去一个齿距(122mm)再接上 ②清除杂草 ③起步要平稳，机具离作物要有一定距离 ④待作物成熟后或干后收割 ⑤调整压力弹簧，紧靠挡板 ⑥采取单向逆倒伏收割或将部分乱倒伏作物用人工割掉 ⑦提高割台
不直立输送、铺放不齐	①上、下输送带张紧度不一致 ②压力弹簧过松 ③作物长势与选择的前进速度不一致	①调整输送带张紧度，保证上、下一致 ②弹簧调整到适当压力 ③正确选择前进速度，当作物长势很好时，选用低挡作业
动刀片早期磨损或断裂	①压刃器压得过紧，产生沟槽 ②割茬太低，碰到石块或其他硬物	①压刃器下加垫片或卸下压刃器，用锤轻铆中间鼓起部位 ②适当调整割茬，切割部分不宜离地面太低；更换断裂的动刀片
星轮齿部断裂	①运输途中碰断 ②地头拐弯处碰到障碍物 ③拖拉机速度太快 ④输送堵塞	①运输途中，注意紧固，不要让其位置随车错动 ②操作到地头拐弯处，要注意减速 ③操作速度视作物长势而选择挡位 ④发现堵塞，顺出口方向排除

六、稻麦联合收获机的安全使用技术

稻麦联合收获机是将收割机与脱粒机联合起来，在田间一次完成收割、脱粒和清选等作业。其优点是：生产率高、劳动强度和收获损失小。但机器结构复杂，造价高，对使用技术要求高，对谷物干湿和成熟不一致的情况适应性较差。

（一）联合收获机分类

（1）按与动力配套方式分类　可分为牵引式、自走式和悬挂式，如图 6-5 所示。

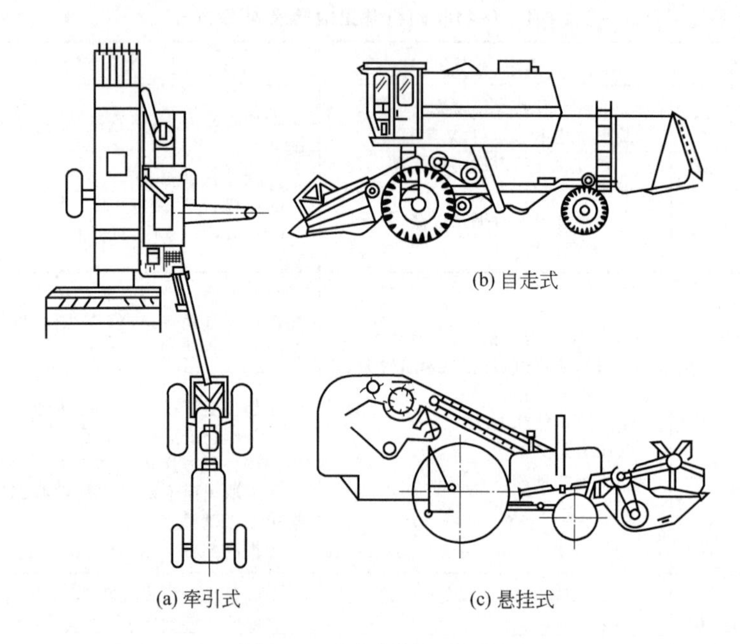

(a) 牵引式　(b) 自走式　(c) 悬挂式

图 6-5　联合收割机的种类

牵引式联合收获机结构简单，但机组过长，转弯半径大，机动性差，由于收割台不能配置在机器的正前方，收获时需要预先人工开道。

自走式联合收获机由自身配置的柴油机驱动，其收割台配置在机器的正前方，能自行开道，机动性好，生产率高，虽然造价较高，但目前应用较多。

悬挂式联合收获机（又称背负式联合收获机）是将收割台和脱粒等工作装置悬挂于拖拉机上，由拖拉机驱动工作。它既具有自走式联合收获机的机动性高、能自行开道的优点，造价又较低，提高了拖拉机的利用率。

（2）按喂入方式分类　可分为全喂入式和半喂入式两种。

全喂入式联合收获机是将割下的作物全部喂入脱粒装置进行脱粒。

半喂入式联合收获机是用夹持链夹紧作物茎秆，只将穗部喂入脱粒装置。因而脱后茎秆保持完整，可减少脱粒和清选装置的功率消耗，目前主要用于水稻收获机。

（3）按收获对象分类　可分为麦收获机械、稻收获机械、稻麦两用收获机械和玉米收获机械等。

（二）结构与工作过程

联合收获机的实质是收割机和脱粒机的组合，将二者用输送装置相连，便能在田间一次完成收割、脱粒、分离和清选等项作业。

1. 逐稿器式谷物联合收获机的构造与工作过程

如图 6-6 所示，以收获小麦为主，可兼收水稻、大豆等作物。该机生产率高，适合于大地块作业。

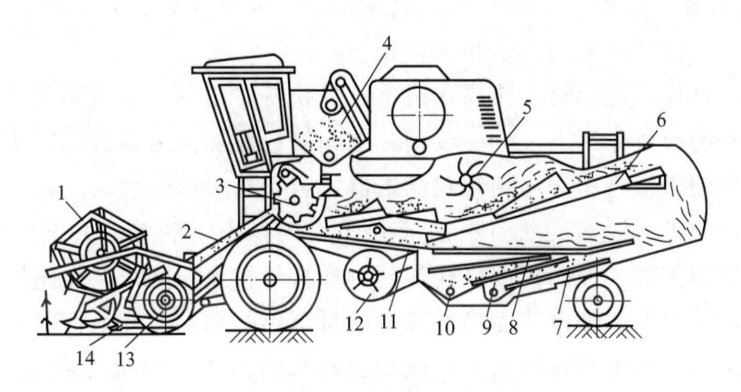

图 6-6　逐稿器式谷物联合收获机

1—拨禾轮；2—倾斜输送器；3—滚筒；4—粮箱；5—横向逐稿轮；6—键式逐稿器；7—滑板；8—筛子；9—杂余螺旋推运器；10—谷物螺旋推运器；11—抖动板；12—风扇；13—割台输运器；14—切割器

（1）结构　主要由收割台、脱粒部分、发动机、底盘、传动系统、液压系统、电气系统和操纵系统等组成。

① 收割台　由偏心弹齿式拨禾轮、标Ⅱ型切割器、割台螺旋推运器（又称喂入搅龙）、链耙式倾斜输送器（俗称过桥）和割台等组成。

② 脱粒部分　由脱粒装置、分离装置、清选装置、杂余处理装置和粮仓等组成。

脱粒装置：脱小麦时用纹杆式，脱水稻时用钉齿式。

分离装置：采用双轴四键式逐稿器，在其上方装有横向抖草器。

清选装置：采用风扇-筛子组合式。筛子分为上筛、尾筛和下筛，都采用鱼鳞筛，其开度各由一个手柄分别调整。风扇为五叶片蜗壳式，其转速可通过调节手柄、杠杆和拨叉，改变无级变速皮带轮直径来实现。

杂余处理装置：该机不设单独的复脱器，杂余经杂余推运器和杂余分配搅龙送往脱粒滚筒进行再次脱粒。

③ 发动机　是联合收获机工作和行走的动力。

④ 底盘　主要由行走离合器、无级变速器、齿轮变速箱、前桥、后桥和行走轮等组成。前轮为驱动轮，后轮为导向轮。

⑤ 传动系统　由带、带轮、链条、链轮和离合器等组成，布置在机器两侧，把发动机的动力传给行走和工作部件。

⑥ 液压系统　由油箱、油泵、分配器、液压方向机、油缸和管路等组成，用来完成工作部件的调整、行走无级变速和转向操纵。

⑦ 电气系统　由蓄电池、启动装置、照明设备、信号装置和监视装置等组成，用来启动发动机、夜间照明、监视和指示工作情况。

⑧ 操纵系统　配置在驾驶台上，由操向盘、操纵手柄、配电盘、仪表盘等组成。用来操纵、控制机器的行走和工作。

（2）工作过程　工作时，作物在拨禾轮的扶持作用下，被切割器切割。割下的作物在拨禾轮的铺放作用下，倒在收割台上，割台螺旋推运器将作物从两侧向割台中部集中，伸缩扒指将作物送到倾斜输送器，若有石块或坚硬物，则落入滚筒前的集石槽内。作物进入脱粒装置，在滚筒和凹板的作用下脱粒。大部分脱出物（谷粒、颖壳、短碎茎秆）经凹板栅格孔落到阶梯抖动板上；茎秆在逐稿轮的作用下被抛送到键式逐稿器上，经键式逐稿器和横向抖草器的翻动，使茎秆中夹带的谷粒分离出来，经键箱底部滑到抖动板上；键面上的长茎秆被排出机外或被粉碎器切断，由抛撒器抛撒于地面。落在抖动板上的脱出物，在向后移动的过程中，颖壳和碎茎秆浮在上层，谷粒沉在下面。脱出物经过抖动板尾部的梳齿筛，又被蓬松分离，进入清粮筛，在筛子的抖动和风扇气流的作用下，将大部分颖壳、碎茎秆等吹出机外。未脱净的穗头经尾筛落入杂余推运器，经升运器进入脱粒装置。通过清粮筛筛孔的谷粒，由谷粒推运器和升运器送入粮箱。粮箱装满后，经卸粮装置卸出。

工作过程可用工作框图表示，如图 6-7 所示。

2. 双滚筒式谷物联合收获机的结构与工作过程

如图 6-8 所示，该机是一种小型自走式联合收割机，以收获小麦为主，可兼收水稻、大豆等作物。其特点是结构紧凑、机动灵活、操作方便，适合于小块地作业。该机采用了切流和轴流式双滚筒脱粒装置。第一滚筒为板齿式滚筒，抓取作物能力强；第二滚筒为多种脱粒元件组合的轴流式滚筒，可对第一滚筒排出的脱出物进行多次冲击和搓擦，确保脱粒干净。由于采用轴流滚筒，茎秆中的籽粒在脱粒的同时就与稿草全部分离，稿草由第二滚筒排出机外，省去了尺寸较大的逐稿器，使整机尺寸减小。

（1）结构　该机由收割台、脱粒部分、发动机、底盘、传动装置、液压系统、电气系统和操纵系统等组成。

收割台位于收割机的正前方，与脱谷机体呈非对称“T”形配置，用于切割和输送作物。

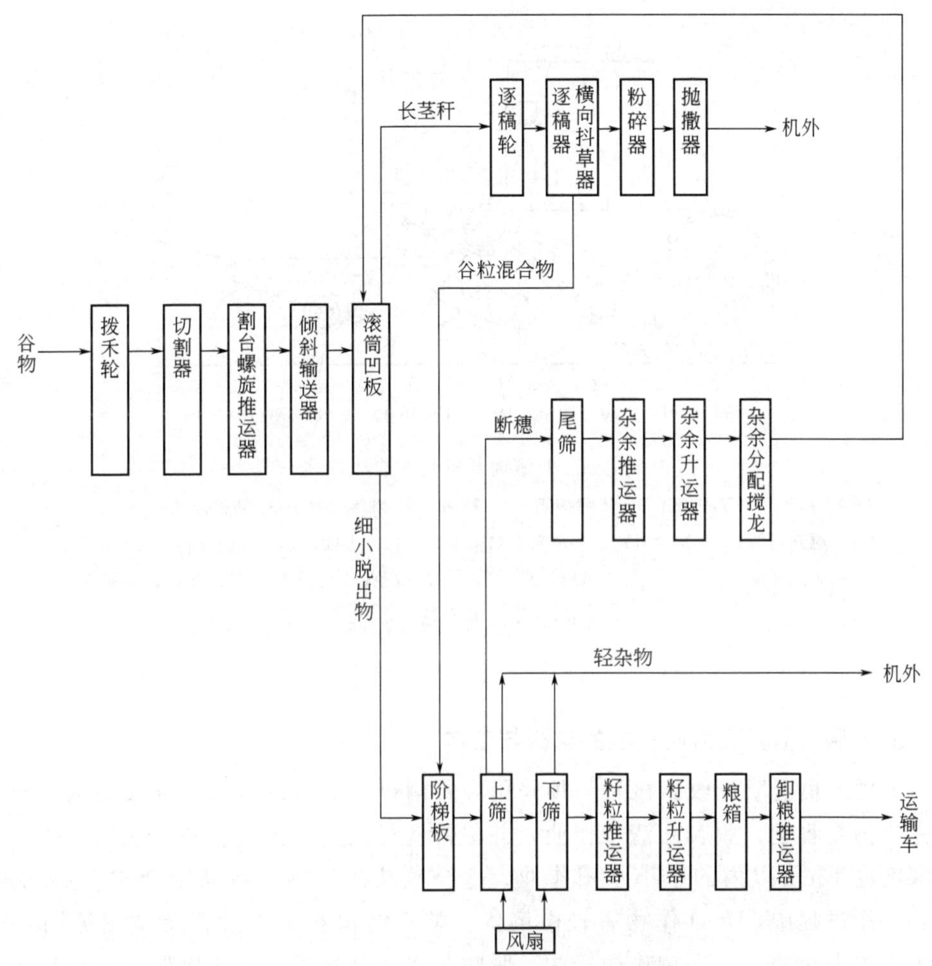

图 6-7　逐稿器式谷物联合收获机工作框图

脱粒部分包括脱粒装置、清选装置、复脱装置和籽粒输送装置。

发动机为柴油发动机。

其他组成部分的功用与前述逐稿器式谷物联合收获机类似，不再重述。

(2) 工作过程　工作时，拨禾轮将作物拨向切割器，被切断的作物在拨禾轮推送下倒向割台，割台输送器将作物集中到中间，由伸缩扒指将作物喂入倾斜输送器，进入板齿滚筒脱粒，然后切向抛入轴流滚筒，作物在轴流滚筒和上盖导向板的作用下从右向左螺旋运动，同时在纹杆和分离板作用下完成脱粒和分离，长茎秆被滚筒左段分离板从排草口抛出去。从轴流滚筒凹板分离出的籽粒、颖糠和碎茎秆等小杂物组成的物料由第一分配搅龙和第二分配搅龙推送到清粮室前，在抛送板作用下落到抖动板上，在筛子和风扇的作用下进行清选。未脱净的穗头经下筛后段的杂余筛孔落入杂余搅龙，被推送到右端复脱器，经复脱后抛回上筛，进行再清选。

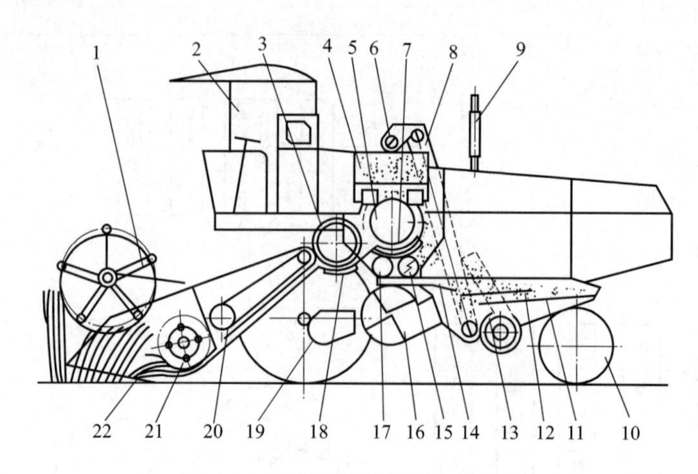

图 6-8 双滚筒式谷物联合收获机

1—拨禾轮；2—驾驶室；3—板齿滚筒；4—粮箱；5—轴流滚筒；6—卸粮搅龙；7—凹板；8—籽粒升运器；9—发动机；10—后轮；11—下筛；12—上筛；13—复脱器；14—抖动器；15—第二分配搅龙；16—离心风扇；17—第一分配搅龙；18—板齿滚筒凹板；19—前桥；20—倾斜输送器；21—割台输送器；22—切割器

3. 半喂入稻麦联合收获机的结构与工作

半喂入稻麦联合收获机是一种采用卧式割台的小型自走式联合收获机，能一次完成稻麦收割、脱粒和清选作业，并保持茎秆完整，铺放整齐。该机可适应泥脚深度在15cm以内的中小水田作业，适合收获的作物自然高度为50～100cm，收获工作过程中，允许作物有轻微倒伏。整机结构和工作过程示意图见图6-9。该机主要由收割台，夹持输送机构，脱粒装置，割、送、脱连接架，底盘和接粮台等组成。

机器前进时，拨禾轮将作物拨向切割器，切割后的作物在拨禾轮的推送下整齐地铺放在割台的水平输送链上，连续送至夹持输送链交接口，由夹持链夹持输送，沿圆弧轨道旋转成90°，倒挂进入脱粒滚筒，脱下的籽粒经筛网分离，籽粒顺滑谷板落入搅龙，由垂直搅龙送到接粮袋，杂余由排杂风扇抛出。

（三）双滚筒式谷物联合收获机作业前的检查与调整

1. 收割台

用来切割并将割下的作物输送到脱粒装置。该部分主要由拨禾轮、切割器、喂入搅龙（割台螺旋推进器）、过桥（倾斜输送器）和摆环箱等组成。

（1）拨禾轮的调整

① 拨禾轮弹齿倾角的调整。如图6-10所示，调节时松开螺母，抽出紧固螺

栓，然后转动调整板，使调整板相对拨禾轮轴偏转，同时带动弹齿偏转，待偏转到所需角度，将调整板和拨禾轮升降架固定板螺孔对准，用螺栓固定。

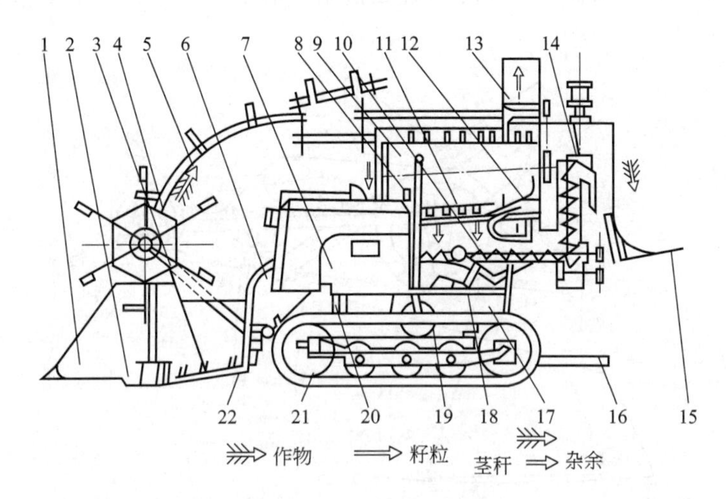

图 6-9 半喂入稻麦联合收获机整机结构与工作过程示意图

1—分禾器；2—切割器；3—割台输送链；4—拨禾轮；5—夹持输送链；6—割、送、脱连接架；7—发动机；8—分动箱；9—脱粒滚筒；10—筛网；11—输送搅龙；12—驾驶座；13—排杂风扇；14—输送箱；15—放草机构；16—接粮台；17—变速箱；18—割台升降机手柄；19—行走离合器；20—机架；21—橡胶履带；22—割台传动箱

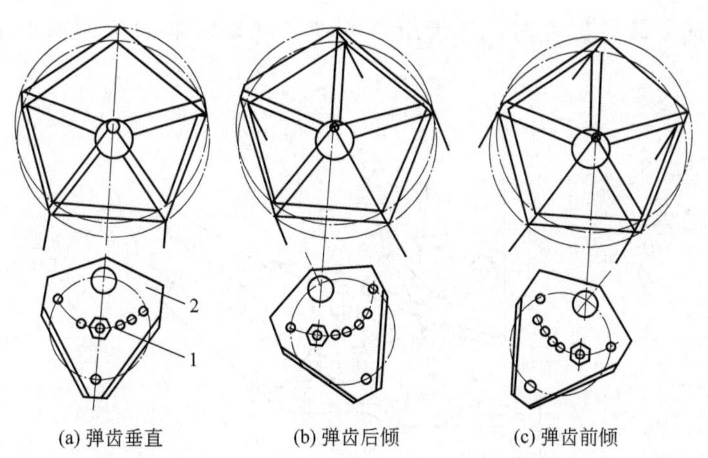

图 6-10 拨禾轮弹齿倾角的调整

1—螺母；2—调整板

② 拨禾轮前后位置的调整。如图 6-11 所示，拨禾轮前后位置，靠移动拨禾轮轴承座 7 在升降架支臂 5 上的位置来调节。调节时应先逆时针方向扭转张紧轮架

6，取下V带，再取下支臂上的固定插销11，然后移动拨禾轮。移动时左右两边的人员应同步进行，并使两边固定孔位一致，插入插销。拨禾轮水平位置调好后，应装好原传动带，并重新调整弹簧1对挂结链条3的拉力，使V带张紧度适宜。

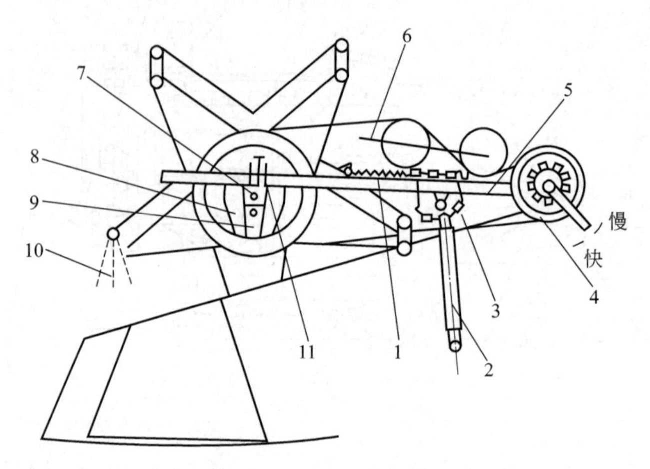

图 6-11　拨禾轮的调节机构

1—弹簧；2—拨示轮升降油缸；3—链条；4—变速轮；5—支臂；6—张紧轮架；7—轴承座；8—偏心调节板；9—定位螺钉；10—弹齿；11—插销

③ 拨禾轮高低位置的调整。由驾驶台上拨禾轮液压操纵手柄控制。当拨禾轮放到最低位置和最后位置时，弹齿距喂入搅龙和切割器的距离不得小于20mm，见图6-12。

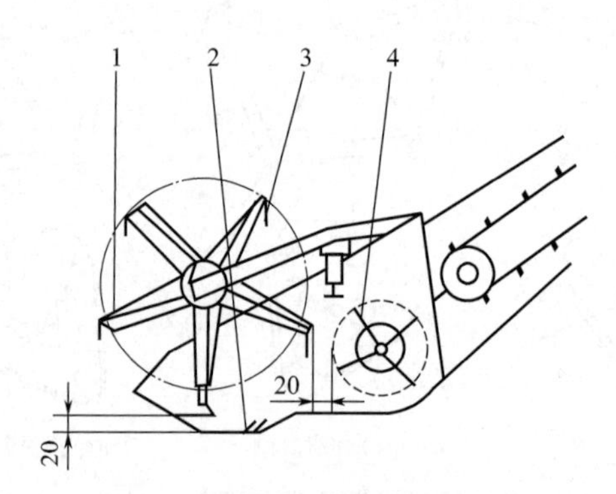

图 6-12　拨禾轮最低和最后位置

1—拨禾轮；2—护刃器；3—弹齿；4—螺旋推进器

④ 拨禾轮转速的调整。当机器前进速度变化时，拨禾轮转速也应做相应调整，以使拨禾轮圆周速度比前进速度略高。调整拨禾轮转速时，必须在拨禾轮运转中通

过转动变速轮调速手柄（图 6-11 中的 4）才能调速。顺时针转动时，拨禾轮转速加快；逆时针转动时，转速减慢。

联合收获机在田间作业时，拨禾轮应按以下情况调整。

收获直立作物时：弹齿倾角应调至垂直位置；拨禾轮轴前后位置一般调整到距护刃器前梁垂线 250～300mm 处，高低位置一般以弹齿轴拨到已割作物高度的 2/3 处为宜。

收获倒伏作物时：弹齿倾角应向后偏转；拨禾轮轴前后位置应是顺倒伏方向收割时尽可能靠前，逆倒伏方向收割时应靠近护刃器位置，高低位置放至最低。

收获高秆大密度作物时：弹齿倾角应略向前偏转；拨禾轮轴前后位置应适当前调，高低位置一般以弹齿轴拨在已割谷物的 2/3 处为宜。

收获稀矮作物时：弹齿倾角应向前偏转；拨禾轮轴前后位置应尽可能后移接近喂入搅龙，高低位置应尽可能下调接近护刃器。

拨禾轮的转速通常应使拨禾轮的圆周速度略高于机器的前进速度，但收获高秆谷物时，应使拨禾轮的圆周速度略低于机器的前进速度。

（2）切割器的调整　有对中调整、整列调整和密接调整，方法同前述收割机的内容相似。

（3）喂入搅龙的调整　收割台喂入搅龙有两个需要调整的部分。

① 搅龙叶片与收割台底板的间隙（图 6-13）。收获一般作物时，该间隙为 15～20mm；收获稀矮作物时，该间隙为 10～15mm；收获高大稠密作物（包括固定作

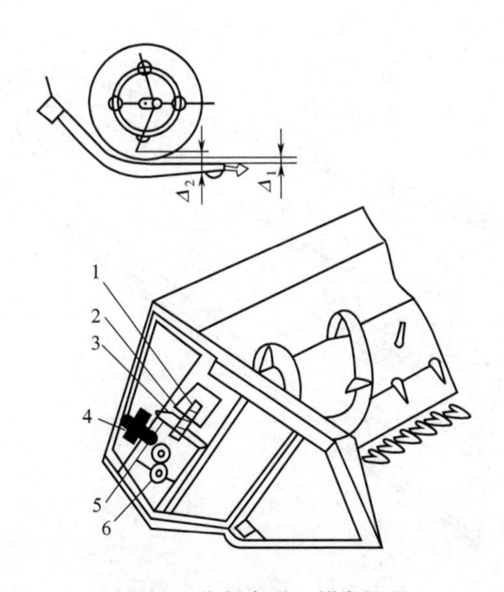

图 6-13　收割台喂入搅龙调整

1,2,4,6—螺母；3—调节螺栓；5—伸缩扒指调节手柄

Δ_1—割台搅龙叶片与底板的间隙；Δ_2—伸缩扒指与底板的间隙

业)，该间隙为20～30mm。调整方法是：松开喂入搅龙传动链张紧轮，然后将割台两侧壁上的螺母2和6松开，再将右侧的伸缩扒指调节手柄螺母松开，拧转调节螺母1使喂入搅龙升起或降落，调到所需要的搅龙叶片与底板的间隙，使间隙在割台全长上一致，并测量伸缩扒指与割台底板的间隙是否合适（一般为10～15mm）。最后，检查并调整喂入搅龙链条的张紧度，拧紧两侧壁上的所有螺母。

② 伸缩扒指与割台底板的间隙。收获一般作物时，该间隙应调整为10～15mm；收获稀矮作物时，可调整为不低于6mm；收获高粗秆稠密作物时，应使伸缩扒指前方伸出量加大，以利于抓取作物，避免缠挂。调整方法（图6-13）是：松开螺母4，转动伸缩扒指调节手柄5，即可改变伸缩扒指与底板的间隙，手柄往上转，间隙减小；手柄往下转，间隙变大。调整完后，将螺母4牢固紧上，以防止脱落打坏机体。

（4）倾斜输送器调整　如图6-14所示，主要由主动轴（装有主动滚筒）、被动轴（装有被动滚筒）、链耙、上盖、底板和调整部件等组成。链耙的张紧度以用手在链耙中部能上提20～35mm为宜。不符合时可拧动调整螺母，改变链耙被动轴的位置来进行调整。需要调紧时，先松开螺母4，然后拧紧螺母5，直到张紧度合适，再拧紧螺母4；需要调松时，先松开螺母5，然后拧紧螺母4，待张紧度合适后再拧紧螺母5。调整后的链耙必须保证左右高低一致，2根链条的张紧度一致，同时要检查被动轴是否浮动自如。

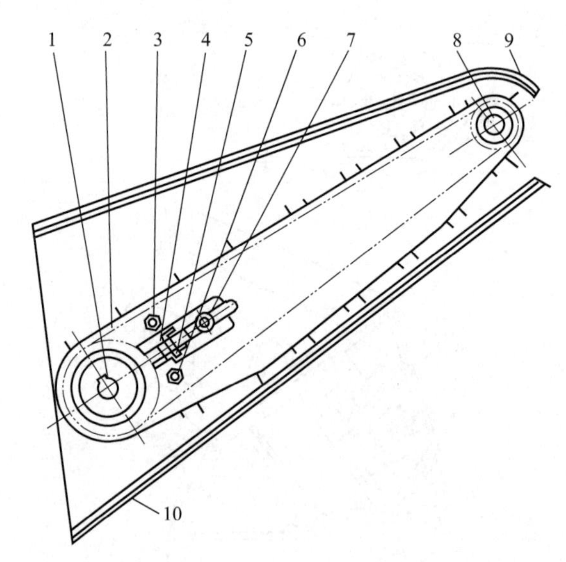

图6-14　倾斜输送器调整

1—被动轴；2—链耙；3—上限位销；4,5—螺母；6—下限位销；7—活动臂螺栓轴；8—主动轴；9—上盖；10—底板

2. 脱粒部分

如图 6-15 所示，脱粒部分完成脱粒、分离和抛送工作。

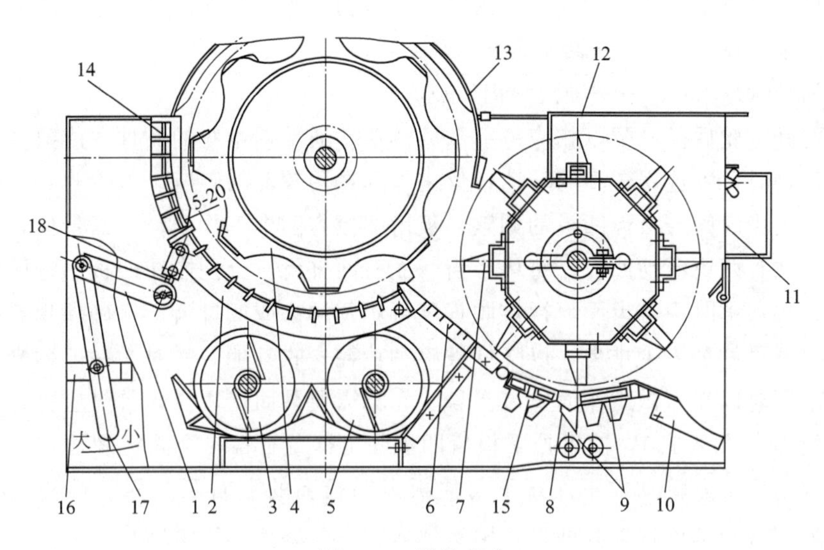

图 6-15　脱粒部分

1—活动栅格凹板调节机构；2—活动栅格凹板；3—第二分配搅龙；4—轴流滚筒；5—第一分配搅龙；6—板齿凹板过渡板；7—板齿滚筒；8—板齿凹板固定框；9—板齿凹板；10—喂入口过渡板焊合；11—喂入口上封闭板；12—板齿滚筒室上盖；13—轴流滚筒室上盖；14—固定栅格凹板；15—凹板块固定螺栓；16—手柄固定板；17—调节手柄；18—调节螺杆

影响脱粒质量的主要因素有滚筒转速、板齿凹板正反面配置和活动栅格凹板出口间隙。即使同一种作物，由于品种差异、成熟度不同、干湿度不同，所需的滚筒转速、板齿凹板配置和活动栅格凹板出口间隙也是不一样的。各类作物收获时的滚筒转速、凹板配置和凹板间隙参考数据见表 6-2。

表 6-2　各类作物脱粒参数

谷物种类	轴流滚筒			板齿滚筒		
	转速/(r/min)	链轮齿数	活动栅条凹板出口间隙/mm	转速/(r/min)	链轮齿数	凹板齿排放
小麦	900	18 或 22	5 或 10	522 或 639	31	光面
燕麦	900	18 或 22	5 或 10	522 或 639		光面
水稻	900	18 或 22	15 或 20	522,639 或 736,900	31	2 排或 4 排
大豆	727	18 或 22	15 或 20	427 或 523	31 或 22 31	光面

（1）滚筒转速的调整　板齿滚筒和轴流滚筒之间采用链传动，可以对两滚筒实现不同的链轮配置而获得4种不同的板齿滚筒速度；还可将中间轴带轮和轴流滚筒带轮互换，又可增加4种变速，以满足不同作物的脱粒要求。其配组方法如下：

中间轴（$D_0$290）⟶轴流滚筒（$D_0$265）

中间轴（$D_0$265）⟶轴流滚筒（$D_0$290）

组配好链轮后，应配以相应链节数的链条。通常遇难脱的品种、成熟度差、湿度大的作物时，宜选用较高的转速；反之，则选用较低的转速。

（2）板齿滚筒与板齿凹板的调整　板齿凹板有两个工作面，一面带齿，另一面为光面。共有两块活动凹板，每块带齿一面有两排齿，分别嵌在凹板固定框中用螺栓固定。收水稻时用带齿面，视难脱程度可用两排齿或四排齿，在确保规定的质量指标前提下尽量采用少排齿，以降低破碎和功耗；收其他谷物时，一般用光面做工作面。出厂时以光面做工作面安装。若收水稻需要翻面使用时，首先应打开喂入口上封闭板11（图6-15），然后拧下板齿凹板固定框左右各一个固定螺栓，并将板齿凹板总成向后下方转动放下，拧下每块板齿凹板上的左右两个固定螺栓，将其翻转，按拆卸的相反过程安装即可。安装板齿凹板时应注意以下两点。

① 板齿应向后倾斜，以对物料流动有良好的导向作用，降低阻力。

② 安装完毕后应转动板齿滚筒，从喂入口观察有无因侧隙过小而碰齿现象，如有，可用撬棒校正，以保证板齿滚筒转动自如，最后装好喂入口上封闭板。

（3）轴流滚筒与栅格凹板出口间隙的调整　轴流滚筒栅格凹板出口间隙是指滚筒纹杆段纹杆齿面与活动栅格凹板出口处的间隙，该间隙有5mm、10mm、15rmm、20mm四挡，分别由栅格凹板调整机构手柄固定板16（图6-15）上4个螺孔定位调整。调整时，松开调节手柄17（图6-15）的固定螺栓，然后将该手柄长孔对准所需间隙对应的螺孔，拧紧固定螺栓。向前转动手柄，间隙变小；向后转动手柄，间隙变大。

作业时，在保证有高的脱净率和草中谷粒夹带少的前提下，应优先选用较低的板齿滚筒转速、板齿凹板光面和较大栅格凹板间隙进行工作。间隙检查须推开观察孔盖进行。

3. 清选部分

主要由筛箱、驱动机构和风扇等组成。

（1）筛片开度的调整　该机型上下筛均为鱼鳞筛，分别由两个调节手柄调节筛片开度，调节范围是0°～45°。上筛用24片鱼鳞筛片构成粗筛，由两个手柄分别控制前段和后段筛片开度。下筛由39片小鱼鳞片构成籽粒筛，后6片为中鱼鳞片构成杂余筛，分别由两个调节手柄控制开度。鱼鳞筛片开度是指筛片尖端至相邻筛片间的垂直距离。

筛片开度应与风扇调整相配合，以达到籽粒损失少、粮箱籽粒清洁率高的目的，基本调整原则如下。

上筛：在粮箱籽粒清洁率不小于98%的前提下，开度应尽可能大一些。收获大粒或杂草多的潮湿谷物时，应全开；收其他谷物时开度不应小于2/3，并使前段开度略小于后段开度。

下筛：为保证清选质量，一般以较小开度为宜，如果上筛全开，下筛可开2/3。下筛应随上筛开度相应减小，但杂余筛开度应尽可能大些。若因谷物杂草过多，使复脱器易堵塞时，应适当将开度关小。

作业时要及时清理上下筛的堵塞，每班作业后，应对上下筛进行彻底清理，清除筛片间麦芒及茎秆杂物，以保证有足够的筛面面积和气流通道。清理时可用钩子轻轻去除杂物或将筛子抽出清理，切勿碰伤筛子。

(2) 风量的调整　该机型采用离心式风扇，通常用两片调风板调节左右进风口开度，调节进气量。收获水稻等轻质籽粒作物时，应装上备用的两片风板，供进行较大范围的风量调节。风量大小是否适中，可由粮箱中籽粒的清洁率和颖壳中含有的籽粒多少来检验：粮中糠多，应加大风量；糠中粮多，应减小风量。风量的调节要与筛片开度相匹配。

（四）安全使用技术

1. 地块准备

① 平整地块中的渠埂，清除田间障碍物，不能清除的要插上标记。

② 若田块四周埂较高时，应用人工在四周割出20cm宽的空带，以便收获机正常作业。

③ 使用牵引式联合收获机收割时，事先要在田间用自走式联合收割机或人工割出边道，边道宽度视机型而定。

2. 机器准备

(1) 联合收获机主要技术状态检查

① 检查各部件安装是否正确。

② 检查各焊接件的焊接处有无裂缝。如发现问题，应及时补焊或更换。

③ 检查紧固件的紧固情况。若有松动，应及时紧固。

④ 检查各处链条和传动带的紧度是否合适。

⑤ 检查拨禾轮、切割器、脱粒滚筒和凹板的技术状态是否良好。

⑥ 检查逐稿轮、逐稿器、筛子和风扇有无变形，工作是否可靠；鱼鳞筛的筛孔，风扇的风量、风向应能灵活调节。编织筛、圆孔筛、长孔筛等筛孔大小事先应根据作物情况选配好。

⑦ 全部传动机构应严格检查，不能有松动、杂声、碰擦等现象，各轴承间隙应合适，润滑良好。

⑧ 各调节机构应能进行灵活有效的调整。

⑨ 完成各项检查后，用手转动主动带轮，带动传动机构运转，观察有无碰擦、卡滞现象。

⑩ 谷物联合收获机上必需配备灭火器。

（2）试运转　用手转动，确认无问题后，加好油和水，即可启动发动机进行试运转。

① 固定试运转：将机器停放在平坦地面，先用小油门低速运转，观察各部分的运动情况，然后逐渐加大油门至正常转速，并操纵液压升降机构，观察其工作是否灵活、可靠。在正常转速运转过程中，相隔20～30min停车检查一次，如各传动轴承有无发热、各紧固件有无松动等，发现问题及时解决。

② 行走部分空运转：在较平坦的地面，由一挡开始逐步提高挡位，进行行走试车，检查转向、制动是否灵活可靠，各操纵杆件有无卡滞现象，行走是否稳定，齿轮箱和液压油管处有无漏油等。确定机器空转正常后，可进行负荷试运转。

③ 负荷试运转：选择平坦地块、不倒伏、成熟度适中的谷物进行试割。试割时从低挡开始，逐渐增加负荷（喂入量），直至额定负荷。在试割过程中要注意检查机器各部分的工作情况，并对各工作装置进行调整，使联合收获机作业质量达到要求。

④ 完成负荷试运转后，要对机器进行全面技术状态检查，并按班次保养项目进行技术保养。试运转后的联合收获机可投入正常作业。

3. 谷物联合收获机的操作要点

① 在机器进入切割区前一定距离处，低速平稳地结合工作离合器，降落割台至要求的割茬高度，然后加大油门，在额定转速下进入割区作业。收割50～100m后，停车检查作业质量，如割茬高度、收获损失、籽粒清洁与破碎情况等，必要时进行调整，使作业质量符合要求。

② 正确使用油门。联合收获机在收获时，只有动力机在额定转速下工作才能保证收获机各工作部件在规定的速度范围内。因此，收获时必须保持在大油门下工作，不允许用减小油门的方法降低行车速度或超越障碍，以免引起割台、滚筒等的堵塞。当田间需要暂时停车时，需先踏下行走离合器，将变速杆置于空挡，保持大油门运转10～20s，待收获机内谷物处理完后，再减小油门。当收获机行到地头时，也应继续保持大油门10～20s。待机内谷物脱完并排出机外后再减小油门。

③ 合理选择前进速度。为使联合收获机能在额定喂入量情况下连续工作，要根据作物的长势、成熟度、干湿度、留茬高低和田块情况等选择适当的前进速度。在茎秆长、植株稠密、收获早期时，应使用低挡作业；茎秆矮、植株稀、收获中后

期时应使用高挡作业。在收获茎秆长的高产作物，用1挡作业仍显负荷重时，可采用提高割茬、减小割幅的方法减小喂入量。

④ 收割倒伏作物时，最好采用逆倒伏方向或与倒伏方向成一角度收割，并将拨禾轮向前、向下调整，弹齿倾角向后倾，以利扶起谷物，减少收获损失。

⑤ 大风天收割时，机组不要顺向行进，以免影响杂余排出。

⑥ 转弯时应降低行进速度，避免急转弯，以防压倒作物或损坏机器。

⑦ 停车时应空转到所有作物全部排出后，再切断动力，使发动机停止工作。

4. 谷物联合收获机安全使用注意事项

① 机组人员应熟悉安全操作规程。

② 联合收获机组启动前，变速杆要置空挡。机组起步、转弯和倒车时要鸣喇叭，并观察机组周围情况，确保人、机安全。新车或大修的机器必须按说明书的规定进行磨合后，方可投入使用。

③ 清理、调整或检修机器时，必须在停止运转后进行。需要在割台下工作时，用液压手柄提升割台，还应用硬物将割台支牢，以免液压器件失灵导致割台降落。

④ 严禁在高压线下停车或进行修理，不允许平行于高压线方向作业。

⑤ 地面不平时不得高速行驶，以免机器变形或损坏。运输时，割台应升起，有支承的应支承锁定。

⑥ 在联合收获机工作时，不允许用手触摸各转动部件。在联合收获机停止工作后，应将变速杆放在空挡位置。

⑦ 注意防火。不允许在联合收获机上和正在收割的地块吸烟，夜间工作严禁用明火照明。机器上应配备灭火器。

5. 班保养

① 发动机的班保养按相应机型的使用说明书进行。

② 彻底清除机器各部分的缠草、颖糠、麦芒、碎秆等堵塞物。特别要注意清除拨禾轮、切割器、喂入搅龙、滚筒和凹板、阶梯板、清选筛、逐稿轮和逐稿器内的堵塞物。

③ 检查切割器有无损坏、松动，以及切割间隙是否正常。

④ 检查脱粒元件的固定及磨损情况。

⑤ 检查各链条和传动带的张紧度及轮轴的固定情况。

⑥ 检查各紧固件的紧固情况。

⑦ 检查液压油箱的油位及各接头的连接紧固情况。

⑧ 检查各处的密封情况，不得有漏粮现象。

⑨ 按规定润滑各部位。加注润滑油的工具要保持洁净，注油时应擦净油嘴、加油口盖及其周围地方，防止尘土入内。

6. 联合收获机的保管

收获季节结束后，应对机器进行全面的保养并妥善保管，以延长机器使用寿命。保管工作要注意以下内容。

① 停机前，用大、中油门使收获机空运转 5min，排除尘土和杂物。

② 彻底清扫机器内外尘土和杂物。

③ 按使用说明书要求，润滑各润滑点。

④ 对磨去漆层的外露部件经除锈后要重新油漆，对摩擦金属表面如各调节螺纹，要涂油防锈。

⑤ 放松安全离合器弹簧和割台搅龙浮动弹簧等。

⑥ 取下全部传动带，对能使用的带应擦去污物，涂上滑石粉，系上标签，妥善保管。

⑦ 卸下链条，放在柴油或煤油中洗净，晾干后再放入机油中浸 15～20min，装回原处，或系上标签装箱保管。

⑧ 卸下割刀并涂抹黄油，然后吊挂存放。将收割台降下，放到垫木上，放松平衡弹簧，使活塞杆完全缩入油缸，以免锈蚀。把前后桥用千斤顶顶起，垫上木块，使机器平稳安放。轮胎离开地面并放气至 0.05MPa，防止日晒雨淋。

⑨ 卸下蓄电池，进行检查和保管。

7. 常见故障及排除方法

双滚筒式谷物联合收获机常见故障见表 6-3～表 6-5。

表 6-3 收割台常见故障及排除方法

常见故障	故障原因	排除方法
割刀堵塞	①遇到石块、木棍、钢丝等硬物 ②动、定刀片切割间隙过大引起切割夹草 ③刀片或护刃器损坏 ④因作物茎秆低而引起割茬低而使割刀上壅土	①立即停车排除硬物 ②调整刀片间隙 ③更换刀片和修磨护刃，或更换护刃器 ④提高割茬和清理积土
收割台前堆积作物	①割台搅龙与割台底间隙过大 ②茎秆短，拨禾轮太高或太偏前 ③拨禾轮转速太低 ④作物短而稀	①按要求调整间隙 ②下降或后移拨禾轮，尽可能降低割茬 ③提高拨禾轮转速 ④提高机器前进速度
作物在割台搅龙上架空、喂入不畅	①机器前进速度偏高 ②拨齿伸出位置不对 ③拨禾轮离喂入搅龙太远	①降低机器前进速度 ②向前上方调整伸缩位置 ③后移拨禾轮
拨禾轮打落籽粒太多	①拨禾轮转速太高，打击次数多 ②拨禾轮位置偏前，打击强度高 ③拨禾轮位置偏高，打击穗头	①降低拨禾轮转速 ②后移拨禾轮位置 ③降低拨禾轮高度

续表

常见故障	故障原因	排除方法
拨禾轮翻草	①拨禾轮位置太低 ②拨禾轮弹齿后倾偏大 ③拨禾轮位置偏后	①提高拨禾轮位置 ②按要求调整拨禾轮弹齿角度 ③拨禾轮位置前移
拨禾轮轴缠草	①作物长势蓬乱 ②作物茎秆过高过湿	①停车及时排除缠草 ②适当升高拨禾轮位置

表 6-4　脱谷部分常见故障及排除方法

常见故障现象	故障原因	排除方法
滚筒堵塞	①板齿滚筒转速偏低或滚筒带、联组带张紧度偏小 ②喂入量偏大 ③作物潮湿 ④作物倒伏方向紊乱 ⑤作业时发动机油门不到额定位置	①关闭发动机。将活动凹板放到最低位置，打开滚筒室周围各检视孔盖和前封闭板，盘动滚筒带，将堵塞物清除干净。适当提高板齿滚筒转速，或调整带张紧度 ②降低机器前进速度或提高割茬 ③适当延期收获，或降低喂入量 ④降低喂入量 ⑤将油门调到位
滚筒脱粒不净	①板齿滚筒转速偏低 ②活动凹板间隙偏大 ③作物过于潮湿而用凹板光面工作 ④喂入量偏大或不均匀 ⑤纹杆磨损或凹板栅格变形	①提高板齿滚筒转速 ②减小活动凹板出口间隙 ③将板齿凹板齿面翻于工作位置 ④降低机器前进速度 ⑤更换或修复
谷粒破碎太多	①板齿滚筒转速过高，或板齿凹板参与脱粒 ②板齿凹板间隙偏小 ③作物过熟，或霜后收获 ④籽粒进入杂余搅龙太多 ⑤复脱器揉搓作用太强	①降低板齿滚筒转速，或将板齿凹板翻转用光面工作 ②适当放大活动凹板出口间隙 ③适当提早收获 ④适当减小风扇进风量，开大筛前段开度 ⑤适当减少复脱器搓板数
谷粒脱不尽而破碎多	①活动凹板扭曲变形，两端间隙不一致 ②板齿滚筒转速偏高，而板齿凹板齿面未参与工作 ③板齿凹板齿面参与工作，板齿滚筒转速较低 ④活动凹板间隙偏大，板齿滚筒转速偏高 ⑤活动凹板间隙偏小，板齿滚筒转速偏低 ⑥轴流滚筒转速偏高	①校正活动凹板 ②降低板齿滚筒工作转速，将板齿凹板齿面翻到工作位置 ③将板齿凹板光面作工作面，适当提高板齿滚筒转速 ④适当缩小间隙和降低转速 ⑤适当放大活动凹板间隙和提高转速 ⑥降低轴流滚筒转速
滚筒转速失稳或有异常声音	①脱谷室物流不畅 ②滚筒室有异物 ③螺栓松动或脱落或纹杆损坏 ④滚筒不平衡或变形 ⑤滚筒轴向窜动与侧壁摩擦 ⑥轴承损坏	①适当放大活动凹板间隙，提高板齿滚筒转速，校正排草板变形 ②排除滚筒室异物 ③拧紧螺栓，更换纹杆 ④重新调平衡，修复变形或更换滚筒 ⑤调整并紧固牢靠 ⑥更换轴承

表 6-5 分离和清选部分常见故障及排除方法

常见故障现象	故障原因	排除方法
排草中夹带籽粒偏高	①发动机未达到额定转速,或联组带、脱谷带未张紧 ②板齿滚筒转速过低或栅格凹板前后“死区”堵塞,分离面积减小 ③喂入量偏大	①检查油门是否到位,或张紧联组带、脱谷带 ②提高板齿滚筒转速,清理栅格凹板前后“死区”堵塞 ③降低机器前进速度或提高割茬
排糠中籽粒偏高	①筛片开度偏小 ②风量偏大籽粒吹出 ③喂入量偏大 ④茎秆含水量太低,茎秆易碎 ⑤板齿滚筒转速太高,板齿凹板齿面参与工作,清选负荷加大 ⑥风量偏小,籽粒在糠中吹不散	①适当提高筛片开度 ②关小调风板开度,必要时将备用的一对调风板投入使用;或拆卸两片风扇叶片 ③降低机器前进速度或提高割茬 ④提早收获期 ⑤降低滚筒转速,用板齿凹板光面工作 ⑥增大调风板开度
粮中含杂率偏高	①上筛前段筛片开度偏大 ②风量偏小	①适当降低该筛片开度 ②适当增大调风板开度
杂余中颖糠偏高	①风量偏小 ②下筛后段筛片开度偏大	①适当增大调风板开度 ②下筛后段筛片开度适当减小
粮中穗头偏高	①上筛前段开度偏大 ②风量偏小 ③板齿滚筒转速偏低,且凹板齿面参与工作 ④复脱器未装搓板	①适当减小该段筛片开度 ②适当开大调风板开度 ③提高板齿滚筒转速,用板齿凹板光面工作 ④复脱器内装上搓板,开大杂余筛片开度
复脱器堵塞	①清选带张紧度偏小 ②作物潮湿或品种口紧,进入复脱器杂余量大 ③安全离合器弹簧预紧扭矩不足	①提高清选带张紧度 ②提高板齿滚筒转速,加大调风板开度,增加复脱器搓板 ③停止工作,排除堵塞,检查安全离合器预紧扭矩是否符合规定

七、玉米收获机的安全使用技术

玉米收获机根据摘穗装置的配置方式不同，可分为立式摘穗辊机型和卧式摘穗辊机型。根据与动力挂结方式的不同又可分为牵引式、背负式、自走式机型与玉米专用割台。

（一）立辊式玉米收获机结构与工作过程

图 6-16 为立辊式玉米收获机的结构与工艺流程示意图。它由分禾器、喂入装置、摘穗装置、剥皮装置、升运装置、排茎装置、茎秆切碎装置、机架和传动系统等组成。

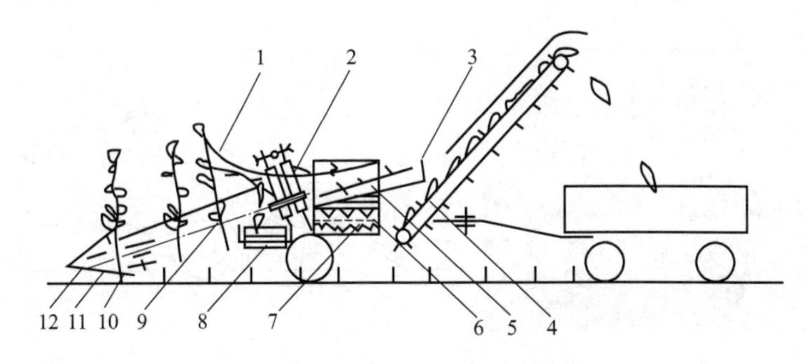

图 6-16　立辊式玉米收获机示意图

1—挡禾轮；2—摘穗器；3—放铺台；4—第二升运器；5—剥皮装置；6—苞叶输送螺旋；7—籽粒回收螺旋；8—第一升运器；9—喂入链；10—圆盘切割器；11—分禾器；12—拔禾链

工作时，机器顺行前进，分禾器从根部将玉米秆扶正并引向拨禾链，拨禾链将茎秆推向切割器。割断后的茎秆继续被夹持向后输送，茎秆在挡禾板阻挡下转一角度后从根部喂入到摘穗器。摘穗器每行有两对斜立辊，前辊起摘穗作用，后辊起拉引茎秆的作用，在此过程中果穗被摘下，落入第一升运器并送至剥皮装置。茎秆则落到放铺台上，经台上带拨齿的链条将茎秆间断地堆放于田间。剥去苞叶的果穗落入第二升运器。剥下的苞皮和其中的籽粒在随苞皮螺旋推运器向外运动的过程中，籽粒通过底壳上的筛孔落到下面的籽粒回收螺旋推运器中，经第二升运器，随同清洁的果穗一起送入机后的拖车中，苞皮被送出机外。

若需茎秆还田，可将铺台拆下，换装切碎器，将茎秆切碎抛撒于田间。

立辊式玉米收获机的摘穗方式为割秆后摘穗。

（二）卧辊式玉米收获机结构与工作过程

图 6-17 为卧辊式玉米收获机示意图。

工作时，分禾器将茎秆导入茎秆输送装置，在拨禾链的拨送和夹持下，经卧辊前端的导锥进入摘穗间隙，摘下果穗，落入第一升运器，个别带断茎秆的果穗经第一升运器末端时被排茎辊抓取，进行二次摘穗。果穗落入剥皮装置，剥下苞皮的干净果穗落入第二升运器，送入机后的拖车中。剥下的苞皮及夹在其中的籽粒一起落入苞叶螺旋推运器，在向外运送过程中，籽粒通过底壳上的筛孔落入籽粒回收螺旋推运器中，经第二升运器，随同清洁的果穗送入机后的拖车中，苞皮被送出机外。摘穗后的秸秆被切碎器切碎，均匀地抛撒于地面。

卧辊式玉米收获机的摘穗方式为站秆摘穗。

上述两种玉米收获机工作性能基本相同。落粒损失 2%以下，摘穗损失 2%～3%；总损失 4%～5%，苞叶剥净率 80%以上。

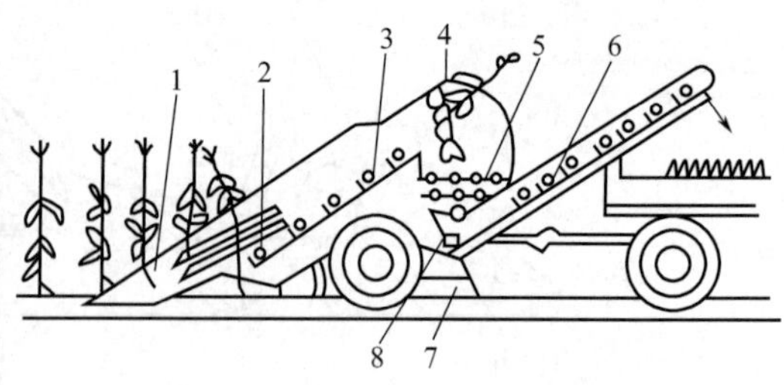

图 6-17 卧辊式玉米收获机示意图

1—扶导器；2—摘穗辊；3—第一升运器；4—排茎辊；5—剥皮装置；
6—第二升运器；7—茎秆切碎装置；8—籽粒输送器

在玉米潮湿、水分较大、植株密度较大、杂草较多的情况下，立辊式玉米收获机摘辊易产生堵塞，而卧辊式收获机适应性较强，故障较少（因该机只有茎秆上部入辊）；但若果穗部位较低或有矮小玉米时，则立辊式果穗丢失较少。此外，立辊式能进行茎秆铺放而卧辊式不能获得完整茎秆。

（三）自走式玉米收获机结构与工作过程

图 6-18 为自走式玉米收获机，它由发动机、底盘、工作部件（包括割台、升运器、茎秆粉碎装置、果穗箱、除杂装置等）、传动系统、液压系统、电气系统和操纵系统等组成，采用卧辊式摘穗方式。

图 6-18 自走式玉米收获机

工作时，收获机沿玉米行间行走，玉米茎秆被茎秆扶持器导入割台茎秆导槽，再被喂入链抓取进入摘穗装置。茎秆被拉茎辊拉过摘穗板的工作间隙，果穗被摘下，而茎秆被粉碎装置切断并粉碎还田。摘下的果穗由喂入链送到果穗搅龙输送器，再被送到第一升运器，由第一升运器进入剥皮装置。果穗借助于剥皮辊和压送机构剥下玉米苞叶，剥去苞叶的果穗进入第二升运器，然后输送到运输拖车中。苞叶和被剥皮辊挤压下来的玉米籽粒送往苞叶输送器，玉米籽粒被筛出，进入第二升运器运至拖车中，而苞叶被排出机外。

自走式玉米收获机具有结构紧凑、性能较完善、作业效率高等优点，但机器售价较高，构造较复杂。

（四）收割时间的确定

在收获作业前，要实地查看现场，根据实际情况，能够使用机械收割的尽量收，不能用机收的就不要用机械收割，以免产生谷物损失过大现象。例如作物在乳熟期也就是在没有断浆时，严禁收割；对倒伏过于严重的作物不宜用机械收割；刚下过雨，秸秆湿度大，也不宜强行用机械收割。

（五）玉米收获机的试运转

收获机在正式作业前，要进行试运转，以检查机器各部分技术状态是否正常，并使各摩擦面得到磨合。玉米收获机的试运转包括空载试运转和作业试运转。

（六）作业前对收获机进行检查与调整

① 做好以下部位的检查与调整

a. 发动机：发动机是玉米联合收割机的心脏部件，要重点做好气门间隙和供油时间的检查调整。

b. 切割器总成：这是玉米联合收割机的重要工作部件，重点检修如下部件：定刀的刃口厚度磨损到 0.15mm 以上，动刀片的齿高不足 0.5mm 或者连续缺齿 4 个以上者，应更换新件；松动的要铆牢固。定动刀片间隙如果前端大于 0.5mm，后端大于 1.5mm 应调整；压刃器的间隙应调整为 0.1～0.5mm。检查全部护刃器是否在同一平面。对偏高、偏低的护刃器可用管子套扳或用锤子敲击，使之平直，偏差过大或者通过增减垫片进行调整。

c. 脱粒装置：主要是检查、调整脱粒间隙和滚筒转速。调整滚筒转速要与脱粒间隙相配合，原则是在保持脱净率的前提下采用最低转速和最大脱粒间隙。调整脱粒间隙要注意左右两边一致，转动滚筒对纹杆逐根检查，对钉齿逐排检查，按照要求进行调整。

d. 传动系统：主要是检查传动轮的轴向、径向间隙是否过大、同一组传动轮是否在同一平面。带、链条的张紧度，应按照不同机型要求进行调整；齿式安全离合器主动、从动盘的齿应有 80% 的紧密贴合，不紧密贴合的齿最大间隙不得超过 1mm。

e. 液压系统：在发动机运转情况下检查各液压手柄，看割台、行走无级变速器等部件工作是否可靠，油管和油管接头处是否有漏油现象。发现问题及时处理。

f. 活动连接部位：主要检查各连接处的密封性。重点是检查割台与倾斜喂入室、喂入室与滚筒进口处的胶条、铁板的完整性和密封性；籽粒推运器下部、复脱器下部和升运器的检查孔盖等处的密封，以防漏粮。

② 对照使用说明书的规定检查各紧固件、传动件等是否松动、脱落，有无损坏以及各部位间隙、距离、松紧是否符合要求。仔细检查各焊接件是否有裂缝、变形，易损件是否损坏，秸秆切碎器锤爪、传动带、各部链条、齿轮、钢丝绳等有无严重磨损，并排除隐患。

③ 清洗干净发动机的散热器及滤清器。由于机组工作时环境恶劣，草屑和灰尘多，容易引起机器散热器堵塞，影响发动机散热。因此，要做到经常清洗散热器。草屑和灰尘容易堵塞发动机空气滤清器，造成机器功率下降、冒黑烟，严重时可使收割机启动困难、工作中自动熄火。应经常清洗空气滤清器，也可另外准备滤网，每 4～6h 清洗一次。

④ 脱粒、分离、卸粮等工作机构试运转检查。运转顺序分小油门、中油门、大油门，先局部、再全面进行。注意各部位的情况是否正常，有无杂音，液压部件及检测仪表是否运动自如，平稳可靠。

（七）安全使用方法

运输过程中，应将玉米联合收获机及秸秆还田装置提升到运输状态。前进方向的坡度大于 15°时，不能中途换挡，以保证运输安全；

地面坡度大于 8°的地块不宜使用玉米收获机作业。

1. 作业机具行走方法的正确选择

收割机作业时的行走方法有三种：顺时针向心回转法；反时针向心回转法；梭形收割法。在具体作业时，操作手应根据地块实际情况灵活选用。总的原则是：一要卸粮方便、快捷；二要尽量减少机车空行。

在收割倒伏农作物时，则要选择适当的方向和角度进行收割，以尽可能减少收割损失。

2. 试割作业

收获机正常作业之前，必须先进行试割。试割有两个目的：一是为了再一次检查收割机各部件是否还有故障；二是根据实际的工作情况进行必要的调整。方法如下。

机器进入田间后，接合动力挡，使机器缓慢运转。确认无故障时，首先根据作物的种植行距，调整收获机行距；然后将割台液压操纵手柄下压，降落割台到合适位置（摘穗板尽量接近结穗部位）。挂上前进挡（以低速为宜），加大手油门，在机器达到额定转速后，放松离合器，使机组前进。此时观察割茬高低，调节液压升降手柄，控制茎秆还田机高度，仔细观察机器各部分的工作情况。前进 10～20s 后停止前进，10～20s 后停止机器转动，减小油门。

试割中，还应检查粮箱中籽粒含杂率和果穗破碎率，果穗落地损失率以及茎秆粉碎还田质量。当以上工作都正常后就可以正常工作了。

3. 田间机械作业

（1）收获时尽量走直线　在收割作业时机器应尽量直线行走。在转弯时一定要停止收割，可采用倒车法转弯或兜圈法直角转弯，不可图快边割边转弯，否则收割机分禾器会将未割的谷物压倒，造成漏割损失。田边地角余下的一些作物，可等大块田割完后再收。

（2）收割幅宽大小要适当　在收割机技术状态完好的情况下，尽可能进行满负荷作业，割幅掌握在割台宽度的 90%为好，但喂入量不能超过规定的许可值，在作业时不能有漏割现象。

（3）正确掌握留茬高度　在保证正常收割的情况下，割茬尽量低些，但最低不得小于 6cm，否则会引起割刀吃泥，这样会加速刀口磨损和损坏。留茬高度一般不超过 15cm 为好。

（4）行走和作业时要做到平稳起步　收割机转弯和过田埂时，要将割台升起来，但不要升得过高以防割台与果穗搅龙底板碰撞造成故障。工作时，割台禁止忽高忽低。

（5）发动机要在额定转速工作（发动机转速不低于 2000r/min）　为了使收获机保持最好的性能，各部件必须在额定的转速下工作，这就要求驾驶员控制发动机在额定转速下运转。在进入割区前，结合动力挡和变速挡后，使主机达到额定转速，然后使拖拉机前进驶入割区。在割区内应保证油门稳定。工作中，若感到机器负荷过重或需要停机时，切不可减少油门，以防堵塞。应先踩下拖拉机主离合器踏板，切断行走动力，让收获机将已进入机器的作物处理完毕再前进或停机。当机器离开割区时，也应等机器内作物处理完毕再减小油门。

（6）前进挡位的选择　在收获机的使用过程中，影响收获机正常作业的因素是喂入量。因此，应根据作物的品种、高度、产量、成熟程度、割茬高低等情况来选择前进挡位。常用的挡位是慢Ⅰ、Ⅱ挡。作业中，用前进速度、割茬高度来调整喂入量，使机器在额定负荷下工作，一般采用中大油门工作，否则会使损失增加及产生堵塞现象。玉米收获机转弯时的速度不得超过 3～4km/h。

收割机刚开始投入作业时，各部件技术状态处在使用观察阶段，作业负荷要小一些，前进速度要慢些。观察使用一段时间后，技术状态确实稳定可靠且作物又成熟干燥，前进速度可快些，以便充分发挥机具作业效率。

若地块平坦、作物成熟一致并处在黄熟期，田间杂草又较少时，可以适当提高收割机的前进速度。作物在乳熟后期或黄熟初期时，其湿度较大，在收割时，前进速度要选择低些；谷物在黄熟期或黄熟后期时，湿度较小并且成熟均匀，前进速度可以适当选择高一些。

雨后或早晚露水大，作物秸秆湿度大，在收割时前进速度要选择低一些；晴天的中午前后，作物秸秆干燥，前进速度选择快一些。

对于密度大、植株高、丰产好的作物，在收割时前进速度要选择慢一点；密度小又稀矮的谷物前进速度可选择快一些。

（7）作业过程中　随时观察作业质量，如发现作业质量有问题或机具有故障时，必须将发动机熄火后方可进行调整和排除故障操作。

4. 安全技术规则

① 驾驶员应具有驾驶证。操作收获机前，驾驶员需经操作培训并获得合格证书方可驾机作业。使用收获机前必需认真阅读《使用说明书》及配套拖拉机的《使用说明书》，严格按照安全规则操作。

② 收获机工作时，机器前、后严禁站人，需注意机器上的警告标志。

③ 作业前应了解地块的大小、形状、作物品种、行距、行数、产量、株高及倒伏情况。

④ 保养或机器发生故障需要检修时，必须切断动力后方可进行。

⑤ 检修、清理割台和秸秆还田机底部，油缸升起后用垫木和其他物品垫牢，以防液压件失灵伤人。

⑥ 收获机应在额定转速下工作（大油门）。当机器负荷过重时，只能踏下离合器使机器停止前进，切不可减小油门，须经作物处理完毕后再选择合适的前进速度。

⑦ 转弯时应把割台和秸秆还田机提到运输位置高度。

⑧ 调整仿形轮（限位地轮）使秸秆还田机甩刀不入土，同时满足留茬高度要求。

⑨ 收获机工作时，必须携带灭火器。

5. 维护与保养

玉米联合收割机的维护和保养可以分以下部分进行。

（1）收割台保养　彻底清理拨禾轮、切割器、割台搅龙等部位的秸秆、穗头、尘土等杂物；检查紧固件状况；检查切割器、传动机构、拨禾轮和割台搅龙等的各运动件的工作情况；检查倾斜输送器的链条紧度（以在链条中部用手提起 20～30mm 为合适）；检查 V 带的紧张度和传动链张紧度（在链条一边张紧的情况下，用手上下拉动松边中部，其活动量应是 20～30mm）；用机油、黄油润滑相应的运动部件。

作业季节结束后要检查各零部件磨损和损坏情况，损坏严重的要及时更换或修理。长期存放时要对各摩擦面进行涂防锈油，并卸下链条、V 带单独存放。

（2）脱粒装置保养　清理在脱粒元件上的茎秆和堆积在脱粒间隙和脱粒室死区内的颖壳、尘土等杂物；检查钉齿、纹杆等脱粒元件上有无断裂、扭曲变形、严重磨损等现象，有无紧固件松动；检查滚筒运转是否正常，有无剧烈震动的现象，滚筒轴是否有弯曲等；检查凹板的横膈板条或钉齿磨损是否严重，有无断裂、变形等损坏现象。

（3）分离装置保养　清除缠绕在稿轮、逐稿立齿上的茎秆杂草等，清除键面筛孔的堵塞物和键箱底面上的堆积物；检查键箱有无变形断裂、齿板有无松动等损坏现象。检查曲轴有无变形，轴颈有无严重磨损，轴承有无损坏；检查键箱之间及键箱与机器的侧壁间隙是否过大而出现跑偏、跑粮现象。

（4）清选装置保养　清除缠绕在筛片和指杆筛上的茎秆、青草和筛孔内的堵塞物，每次都要彻底清除阶梯抖动板和筛子上的黏结物；检查筛箱筛架有无变形、断裂等现象，筛片有无折断、缺损或变形等损坏现象；检查各铰链销和轴套是否严重磨损，以免因间隙超出范围而旷动过大；检查各封条是否有缺损丢失，而造成跑粮现象。长期存放要注意防锈。

（5）链条传动装置使用前及使用中的技术保养　要经常检查同一传动回路中的链轮是否在一平面内，传动链条紧度是否合适，否则按要求调整；链条如果在作业中经常出现爬到链轮齿顶上（爬齿），或者经常出现跳齿现象，说明链条、链轮节距磨损严重，不能继续使用应更换新的链条和链轮；链条应按时润滑，润滑油必须注入销轴与套筒的配合面上。

日常润滑保养时，可用刷子在链条上刷油润滑，但要注意勿使机油粘到橡胶机件上（如刮板升运器的橡胶刮板上）。定期（工作 50h 左右）润滑保养方法是，将链条拆卸下来，用煤油清洗晾干后放入机油中加热浸煮 20～30min。冷却后取出链条沥干多余的油，把表面擦干净即可装回链轮上。如不加热浸煮则将链条放入机油内浸泡一夜也可；链齿轮磨损后也可翻转过来使用，但必须保证传动面的安装精度；新旧链接不能在同一链条中混用；磨损严重的链轮不可配用新链条。

（6）离合器的保养　行走离合器的维护保养主要是定期润滑各部轴承，检查各零件之间的固定状态并及时扭紧，清洗摩擦片上的油污。离合器摩擦片上沾油会引起打滑，因此分离轴承的润滑脂不能过量注加。对沾有油污的离合器摩擦片可用煤油清洗干净晾干后使用。

6. 常见故障及排除方法

自走式玉米收获机工作部件的常见故障及排除方法见表 6-6。

表 6-6 4YZ-3 自走式玉米收获机工作部件的常见故障及排除方法

故障现象	故障原因	排除方法
粉碎装置被茎秆缠绕	①粉碎装置传动带松 ②动、定刀的间隙大 ③刀被磨钝	①张紧传动带 ②调小动、定刀的间隙 ③磨锐刀刃
茎秆导槽的工作间隙被茎秆堵	①摘穗板之间的工作间隙宽度不够 ②摘穗板之间的工作间隙宽度前部比后部大或相等	①增大间隙 ②把前部宽度比后部宽度调小 3mm
茎秆导槽拉辊被茎秆缠绕	拉辊与清除器之间的间隙过大	把拉辊最外缘与清除器之间间隙调到 1.5～2.2mm
喂入链从被动轮上脱落	①链条张紧度不够 ②主动和被动链轮不在同一平面内 ③被动链轮在机架上的定位板凹槽中活动性变坏 ④链条变形或磨损	①调链条张紧度 ②矫正机架上的定位板，使主、被动链轮在同一平面内相差小于 1.5mm ③清除定位板上的油漆，必要时在导向链轮与导向辊之间加 0.2～0.5mm 的垫片 ④更换链条
升运器堵塞	①料仓满，堵塞出口 ②茎秆多，造成堵塞 ③刮板变形	①卸掉料仓内的果穗 ②调整割台工作间隙 ③更换新刮板

八、叶菜收获机

JT-1350B 菠菜收获机，如图 6-19 所示，该机以汽油机为动力，进行泥下收割作业，能连根收获菠菜，也适合收获需连根收割的叶菜。

该机外形尺寸为 2100mm×1550mm×1100mm；收获深度为 100～180mm；质量为 221kg；适合在设施、露地使用。

如图 6-20 所示为采用 24V、60W 的直流电动机为动力的叶菜收割机，可避免汽油机在作业时对作物造成污染的缺点，达到无污染收获效果，主要用于蔬菜栽培撒播种植后的收割。

该机技术参数和作业效果如下。

① 外形尺寸：2500mm×1000mm×1000mm。

② 收获宽度：700mm。

③ 切割装置电机：DV 24V，60W。

④ 切割长度：10～70mm。

⑤ 切割平均高度：20mm。

适用范围：适合在设施、露地使用。

图 6-19 JT-1350B 菠菜收获机

图 6-20 电动叶菜收割机

九、马铃薯收获机的安全使用技术

马铃薯营养丰富，有很高的经济价值，在人们的餐桌上既可做主食也可做蔬菜，近年来随着种植规模的扩大，马铃薯收获机械已得到了研发，并广为推广应用。下面以4U-83型马铃薯收获机为例，介绍其结构及使用内容。

（一）结构与工作过程

如图6-21所示，该机主要由悬挂装置、挖掘装置、防缠绕装置、输送装置、限深装置、传动装置、机架等组成。

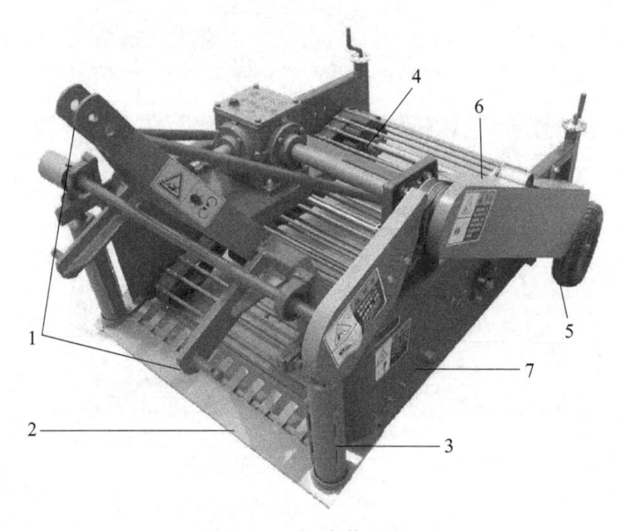

图6-21　马铃薯收获机

1—悬挂装置；2—挖掘装置；3—防缠绕装置；4—输送装置；5—限深装置；6—传动装置；7—机架

作业时，收获机在拖拉机的拖动与驱动下，马铃薯与土一起被挖掘铲铲起。随着机具前行，铲起的马铃薯和土被推送到输送装置上。传动装置在运行中，不断转动并有序抖动。输送装置上的马铃薯在随输送链向上运动的同时，其上的泥块由于输送链的抖动而被不断的清除。马铃薯运动至输送链高端后铺放在已收区的地面上，以便晾晒与捡拾。

（二）安装方法

① 将收获机的附件准备齐全，把配套拖拉机停在宽敞的地方。

② 将整台收获机的紧固件、开口销、黄油嘴进行全部检查。如有松动或开口销脱落及没开叉的，应紧固、开叉锁紧、连接牢固。

③ 齿轮箱内加注 HL-30 齿轮油，油面以浸没大锥齿轮底部的一个齿宽为宜，各转动部件定期加注钙钠基润滑脂。各部件必须转动灵活。

④ 与拖拉机的连接。

a. 将与马铃薯收获机配套的拖拉机倒退对准马铃薯收获机中部，提升拖拉机下拉杆至适当高度，倒车至能与马铃薯收获机左右悬挂销连接为止。

b. 安装传动轴，并上好插销。

c. 安装左右悬挂杆并上好插销。

d. 安装上拉杆及插销。

传动轴总成安装时应注意方轴节叉与方管节叉的开口须在同一平面内，若方向装错将引起机件损坏。

⑤ 装上收获机后，拖拉机把收获机提升起来，通过调整拖拉机左、右吊杠长短，使收获机达到左、右水平为止。

⑥ 为与不同型号拖拉机配套，确保机器性能的正常发挥，不同拖拉机选取不同大小的带轮、带、万向节及悬挂点。

⑦ 检查并拧紧全部连接螺栓。

（三）作业前的检查与调整

① 将马铃薯收获机悬挂在拖拉机上。同时用万向节把拖拉机的动力输出轴与收获机的动力输入轴连接。用手转动万向节，检查有无卡、碰现象。如有，应及时排除。

② 拖拉机的操作按照拖拉机的使用说明书进行。

③ 空机运转，设备应运转平顺流畅。

④ 为防止传动轴损坏，马铃薯收获机工作时传动轴夹角不得大于±15°。故一般田间作业只要提升至挖掘刀尖离地即可，如遇沟埂或路上运输，需升得更高时要切断动力输出。为防止意外，在田间作业时要求做最高提升位置的限制，即将位调节手轮上的螺钉拧紧限位。马铃薯收获机和拖拉机位置不平行时，应调整拖拉机左右限位杆，使机器与拖拉机对正，并保持机器挂在拖拉机上的左右横向摆动量在10～20mm 范围，否则容易损坏机件。

⑤ 下地前，调节好限深轮的高度，使挖掘铲的挖掘深度在 20cm 左右。

⑥ 在挖掘时，限深轮应走在待收的马铃薯秧的外侧，确保挖掘铲能把马铃薯挖起，不能有挖偏现象，否则会有较多的马铃薯损失。

⑦ 在行走时，拖拉机的行走速度可在慢 2 挡，后输出速度在慢速，在坚实度较大的土地上作业时应选用最低的耕作速度。作业时，要随时检查作业质量，根据

作物生长情况和作业质量随时调整行走速度与升运链的提升速度，以确保最佳的收获质量和作业效率。

⑧ 停机时，踏下拖拉机离合器踏板，操作动力输出手柄，切断动力输出即可。

⑨ 在作业中，如突然听到异常响声应立即停机检查。通常是收获机遇到大的树墩、电线、杆茬等，这种情况会对收获机造成大的损坏，作业前应先查明地里情况，以便绕开障碍物。

⑩ 过载离合器的使用及调整。该离合器主要用于保护薯土分离链条式输送带及相关传动部件。若机器处于正常工作状态（地里含有少量的树根、石块、铁块）时，离合器出现打滑，这说明离合器上的弹簧变松。需将塑料外壳卸下，将6个螺母均匀拧紧1～2扣。若继续打滑，重复上一步骤，但不要完全拧死，否则失去保护作用。若机器过载时，离合器打滑，应及时停车并清理导致机器过载的杂物，使机器恢复工作。

（四）使用方法

1. 田间作业

① 将马铃薯收获机悬挂在拖拉机上。同时用万向节把拖拉机的后输出轴与收获机的动力输入轴连接。用手转动万向节，检查有无卡、碰现象。如有，应及时排除。

② 起步时将马铃薯收获机提升至挖掘刀尖离地面5～8cm左右，结合拖拉机动力输出轴，空转1～2min，无异常响声的情况下，挂上工作挡位，逐步放松离合器踏板，同时操作拖拉机调节手柄逐步入土，随之加大油门直到正常耕作。

③ 检查马铃薯收获机工作后的地块。查看有无严重破皮、碎、遗漏现象，若马铃薯破皮严重，应降低收获行进速度，调深挖掘深度。

④ 作业时，机器上禁止站人或坐人。机具运转时，禁止接近旋转部件，否则可能导致身体缠绕，造成人身伤害事故。检修机器时，必须切断拖拉机动力输出轴动力，以防造成人身伤害。

2. 注意事项

① 必须按要求选择配套拖拉机，并保证拖拉机技术状况良好，否则可能影响机器作业性能及使用寿命。

② 每次使用前必须严格按要求对机器做全面检查，以保证机器处于完好状态，以免机器作业性能下降或缩短机器使用寿命。

③ 按要求正确安装万向节传动轴，否则可能造成机件损坏。

（五）安全操作

1. 一般安全规则

① 严格按规定信号开车、停车。只有发出信号后才能开动拖拉机。

② 拖拉机驾驶员必须持有有效的驾驶执照。

③ 注油、清理杂物必须停车后方可进行。

④ 严禁机器运转时进行维修或调整操作。

⑤ 收获机升起后，应可靠支撑，否则禁止在机器下面进行检查维修。

⑥ 行驶途中严禁高速行驶或机器上站人，否则损坏拖拉机升降液压装置。升降时请勿靠近。

⑦ 收获作业的地块坡度小于5%，运输过程中道路坡度小于20%。

2. 安全标志

① 作业或升起时严禁地轮倒转，地头转弯时必须将机器提起。

② 使用前必须阅读使用说明书和安全规则。

③ 进行保养或维修前，发动机应熄火并拔下钥匙。

④ 防止链条传动装置缠绕手或手臂；发动机运转时不得打开或拆下安全防护罩。

⑤ 机器运转时禁止靠近万向节传动轴，否则可能导致身体缠绕造成人员伤亡事故。

⑥ 检修时，必须切断拖拉机动力输出动力。如需更换零部件应先熄火，将机器支撑牢固后进行，严禁发动机运转时更换，以防砸伤维修人员。

⑦ 请不要弄脏或损坏警示标志，如有损坏或丢失，应与经销商联系购买，重新贴在原位置。

（六）维护与保管

正确地进行维修和保养，是确保马铃薯收获机正常运转，提高工效延长使用寿命的重要措施。

（1）班保养（工作10h）

① 检查拧紧各连接螺栓、螺母，检查放油螺塞是否松动。

② 检查各部位的插销、开口销有无缺损，必要时更换。

③ 检查螺栓是否松动及变形，应补齐、拧紧及更换。

（2）定期保养（一个工作季节）

① 彻底清除马铃薯收获机上的油泥、土及灰尘。

② 放出齿轮油进行拆卸检查，特别注意检查各轴承的磨损情况，安装前零件

需清洁，安装后加注新齿轮油。

③ 拆洗轴、轴承，更换油封，安装时注足黄油。

④ 拆洗万向节总成，清洗十字轴滚针，如损坏应更换。

⑤ 拆下传动链条检查，磨损严重和有裂痕者必须更换。

⑥ 检查传动链条是否裂开，六角孔是否损坏，有裂开应修复。

（3）保管　马铃薯收获机作业季节结束长期停放时，应垫高马铃薯收获机使旋耕刀离地，旋耕刀上应涂机油防锈，外露齿轮也需涂油防锈。非工作表面剥落的油漆应按原色补齐以防锈蚀。马铃薯收获机应停放室内或加盖于室外。

（七）常见故障及排除方法

常见故障及排除方法见表 6-7。

表 6-7　马铃薯收获机常见故障及排除方法

故障现象	原因	排除方法
收获机前兜土	机器挖掘铲过深	调节中拉杆
马铃薯伤皮严重	①挖掘深度不够 ②工作速度过快 ③拖拉机动力输出转速过大 ④薯土分离输送装置震动过大	①调节拉杆，使挖掘深度增加 ②低速 ③转速必须是 540r/min ④拆除振动装置的传动链条
空转时响声很大	有磕碰的地方	详细检查各运动部位后处理
齿轮箱有杂音	①有异物落入箱内 ②圆锥齿轮侧隙过大 ③轴承损坏 ④齿轮牙断	①取出异物 ②调整齿轮侧隙 ③更换轴承 ④更换齿轮
万向节损坏	①传动轴总成装错 ②缺黄油 ③传动轴总成倾角过大 ④马铃薯收获机猛降入土	①正确安装传动轴 ②注足黄油 ③调整悬挂装置，及提升高度 ④应逐步入土
轴转动不灵活	①齿轮、轴承损坏咬死 ②圆锥齿轮无侧隙 ③侧板变形	①更换齿轮或轴承 ②调整齿轮侧隙 ③校直侧板
薯土分离传送带不运转	①过载保护器弹簧变松 ②传送带有杂物卡阻	①调紧弹簧 ②用手转动万向节，检查有无卡、碰现象。如有，应及时排除

十、采摘机器人

采摘机器人的信息感知是利用机器人的多传感器融合功能，对采摘对象进行信息获取、成熟度判别，并确定采摘对象的空间位置，实现机器人末端执行器的控制与操作。非结构环境下的信息获取技术是农业机器人领域最难点的问题之一。主要表现为：一是农业机器人工作在非结构环境中，由于受自然光照、生物多样性等不稳定因素影响，目标与背景呈多元信息叠加，果实与茎叶颜色的相近性，都成为果实特征信息提取的难点；二是采摘对象空间位置确定决定了采摘机器人末端执行器位置的控制精度。

随着技术的不断发展，很多技术难题得到解决，采摘机器人在农业生产领域的应用逐渐增多，为减轻劳动强度、提高劳动生产率、改善产品采摘质量，奠定了基础。

（一）黄瓜采摘机器人

如图 6-22 所示。该采摘机器人系统由采摘信息获取系统、机械臂装置和机器人移动平台三大部分组成。其特征在于机器人本体在非结构环境下自主导航，利用近红外双目视觉传感器和末端彩色视觉传感器获取、识别、定位采摘对象，并最终控制机械手完成准确的黄瓜采摘。

图 6-23 所示为黄瓜夹持与割断过程。黄瓜果实表皮组织柔软、易损伤，且其形状复杂，生长发育程度不一，相互差异较大，由此决定了采摘机器人的末端执行器（即机械手）应具有较好的柔软性。

图 6-22 黄瓜采摘机器人样机

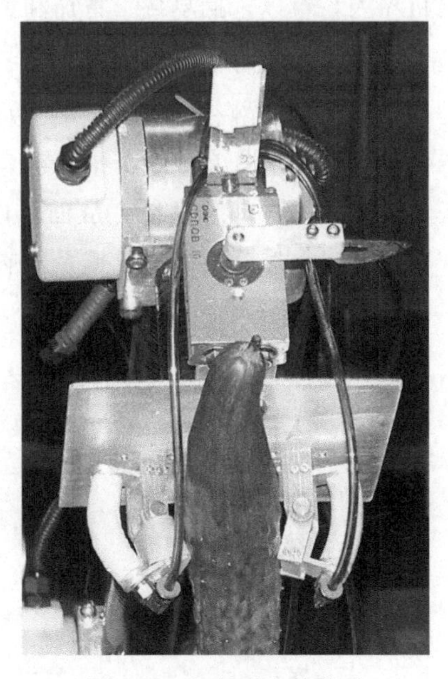

图 6-23 机械手夹持黄瓜

该机械手由两个动作机构组成：一是对采摘目标的夹持机构，二是对果实的切割机构。末端执行器的抓持部分由两个弯曲关节组成，对称分布在执行器底板的两侧，当黄瓜靠近末端执行器时，黄瓜会压迫微动开关，使其闭合，开关信号传回工控机，再从工控机发出信号使得继电器通路，使得电磁阀打开，弯曲关节充气，抓持黄瓜，最后由旋转汽缸带动刀片将果柄切断。

夹持机构采用柔性弯曲关节指，使其具有充分的弹性和柔顺性，接触面积小、动作轻柔、对果实不构成损伤。并配套有一个切割执行器，该执行器与夹持部分有好的动作一致性，使得切割位置准确、动作快。

（二）果蔬采摘机器人

融合人工智能和多传感器技术，采用基于深度学习的视觉算法，引导机械手臂完成识别、定位、抓取、切割、放置任务的高度协同自动化系统，采摘成功率可达90%以上，可解决自然条件下的果蔬选择性收获难题，是智慧农业的标志性产品。

果蔬采摘机器人由行走系统、视觉系统和采摘执行系统组成。行走系统结合路面情况，选取履带式、轮式或轨道式等行走机构满足多种应用场景，采用视觉、激光、磁导航和 SLAM 算法，集合超声、红外和激光等多种传感器，使其更能适应田间多种环境。视觉系统采用双目立体视觉定位技术，实现对果蔬大小、颜色、形状、成熟度和采摘位置的信息获取及处理；采摘执行系统采用多自由度机械手臂，通过合理的路径规划，完成抓取、采摘和放篮等多种任务。图 6-24 为履带式果蔬采摘机器人，可以采摘草莓、番茄和黄瓜。

1. 主要技术指标

利用多传感器融合技术，对采摘对象进行信息获取、成熟度判别、并确定收获目标的三维空间信息及视觉标定，引导机械手与末端执行器完成抓取、切割、回收任务的高度协同自动化系统，从而可以实现无人值守情况下，自动导航、自动识别、自动完成机械臂运动及机械手采摘。

① 双目视觉定位系统。

② 多自由度机械臂。

③ 果实采摘专用柔性机械手。

④ 自主导航、无人值守。

⑤ 多种控制模式。

⑥ 自动避障、语音报警。

⑦ 车速、电流等信息实时反馈。

⑧ 识别成功率：≥92%。

⑨ 采摘成功率：≥90%。

图 6-24　履带式果蔬采摘机器人

⑩ 果实损伤率：≤5%。

⑪ 具有一定的可扩展功能。

2. 功能特点

（1）果实精准采收　双目立体视觉精准判别可采摘果蔬的大小、颜色、形状、成熟度和采摘位置定位；轻巧型多自由度机械臂，轻松完成路径规划、采摘和放篮多个任务；柔性采摘手通过自适应控制完成果蔬采摘位置抓取，不伤果；按照作物商品性特点，采用按个、按串或采收包装一体化等多种采收方式。

（2）环境智能感知与自主避障　环 360°雷达通过不间断扫描，可预先探测作业环境和障碍物信息，并根据所处环境及时调整行走策略，实现自主避障。

（3）多地形作业与导航　针对农业地形和材质的多样性，可以进行履带式、轮式或轨道式多种行走系统和驱动方式满足不同场景要求；搭载视觉、激光或磁感应传感器完成路径规划和导航；辅以动力匹配、结构优化，轻松完成爬坡越障。

（4）智能充电系统　机器人与不少于70A·h的智能电池搭配使用，连续运行时间达3h；抽屉式安装使电池内嵌在机器人内部，输出线材进行增强防护和锁扣式连接，提升了安全性和更换方便性；电池强化了自均衡性，输出电压稳定一致，寿命较长久；结合室内定位系统，可以实现自主充电等功能扩展。

（5）农机农艺融合新模式　围绕选择性收获，结合作物品种，栽培模式和机器人的交互方式，构建针对作物的智慧栽培系统。

（6）标准配置　为履带式行走底盘、机械臂、双目视觉系统、采摘机械手、遥控器。

（7）丰富配件（可单独选购）　超声避障系统；视觉导航；室内定位系统；激光导航；语音交互；柔性采摘机械手；自动充电系统；远程监控系统；除履带式外，还可选择轮式或轨道式行走底盘。

思考题

1. 调研当地收获机械的类型有哪些？
2. 调查这些收获机械在使用中的优点、缺点等情况。
3. 针对存在的问题，提出改进方案。
4. 分别总结各种收获机械的安全使用技术。
5. 分别总结各种收获机械的维护保养项目。

单元七
清选机械的安全使用技术

收获后的粮食中若混有杂质，不易保存，又降低食物品质；若做种子，会严重影响播种质量，导致病虫害滋生、杂草蔓延，作物减产。

清选作业就是清除谷粒中的夹杂物，如颖壳、短秆、杂草种籽、砂石、病虫及瘪谷等。

分选作业是将谷粒按外形、密度、甚至颜色等物理特性进行分级，分出的小粒、破碎粒可作为粮食或饲料，分选后的种子质量均匀、饱满、尺寸一致，播种后发芽率高，可用于精量播种以节省大量种子。同时由于已清除其中大部分病虫草籽粒，减少了以后的感染可能性，使田间杂草含量减少，作物生长整齐，成熟一致，有利于机械化作业。

一、对谷物清选机械的农业技术要求

① 经清选后的谷物，应达到清选标准要求。

② 清选机械的生产效率高，操作保养方便、耗能低。

③ 清选机械的通用性要广，直接或经简单调整就能适应不同作物种子的清选。

二、清选原理及清选装置

（一）按照谷粒的空气动力学特性进行清选

谷粒和杂物的重量及其迎风面积的大小不同，其飘浮特性（即空气动力学特性）也不相同。利用谷粒和各种杂物的这种飘浮特性不同，可以采用以下三种方式进行清选。

1. 按照谷粒的空气动力学特性进行分离的清选装置

（1）倾斜、水平气流清选装置　如图 7-1 所示，当倾斜、水平气流清选装置中的风扇产生的倾斜、水平气流吹向谷粒时，重量大、迎风面小的谷粒落得较近；而重量小、迎风面大的轻杂物被吹得较远，从而达到分离目的。

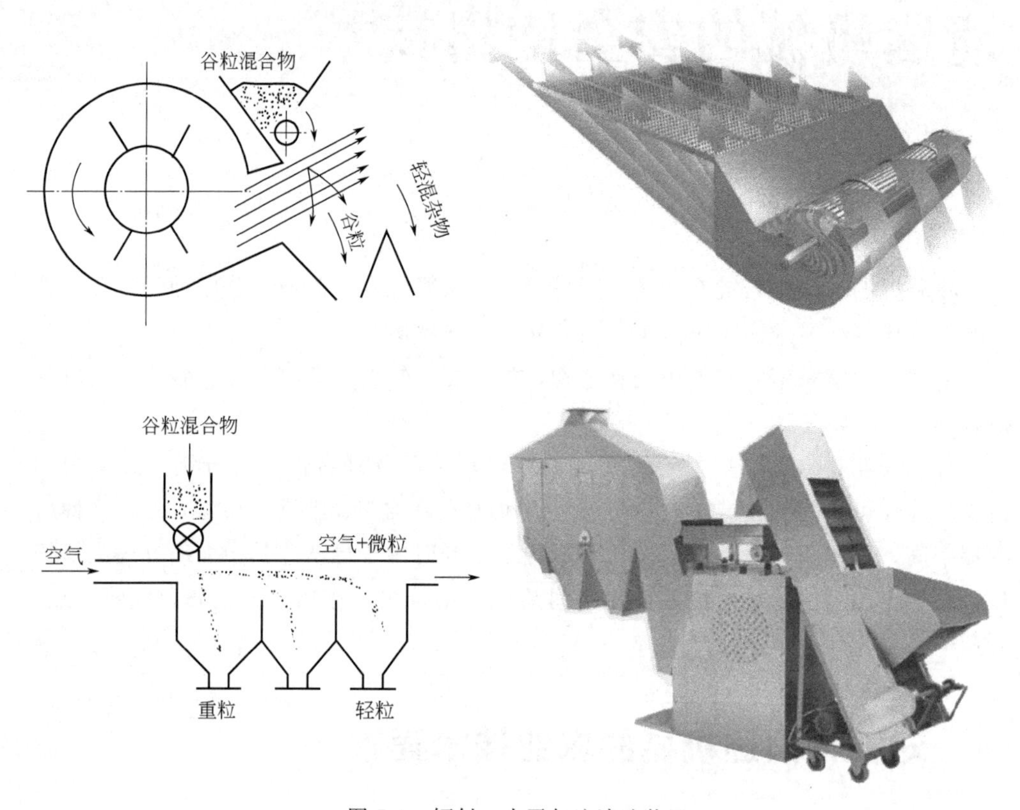

图 7-1　倾斜、水平气流清选装置

（2）垂直气流清选装置　如图 7-2 所示，当垂直气流清选装置中的风扇产生的垂直气流吹向谷粒时，谷粒混合物被喂料辊送至垂直吸气道下部，由于受到垂直气流的作用，悬浮速度低于气流速度的轻杂物被吹向上方，重杂物首先被分离出来，当管道的截面积变大时，气流速度变小，较重的物体就先落下来，轻的继续上升，从而达到分离目的。

（3）利用空气阻力的不同进行分离　如图 7-3 所示，带式扬场机是利用作回转运动的输送带以高速（15～16m/s）将谷粒混合物抛向空中，迎风面较大而重量小的轻杂物，受到的空气阻力大，被抛得较近；而谷粒由于惯性大，抛得较远，较重的杂质被抛得更远，从而达到分离目的。这种方法虽不能用于精选，但无风时仍有较好的清选效果，而且在抛扬过程中，对谷粒有一定干燥作用。

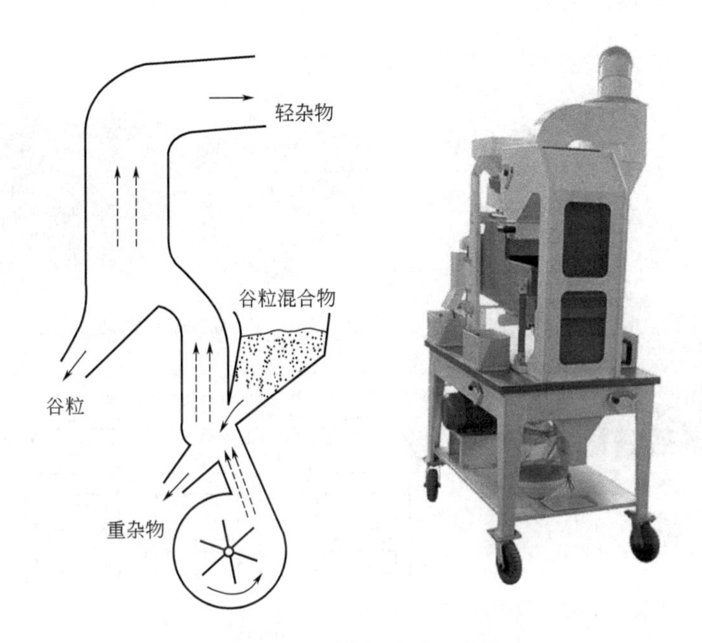

图 7-2 垂直气流清选装置

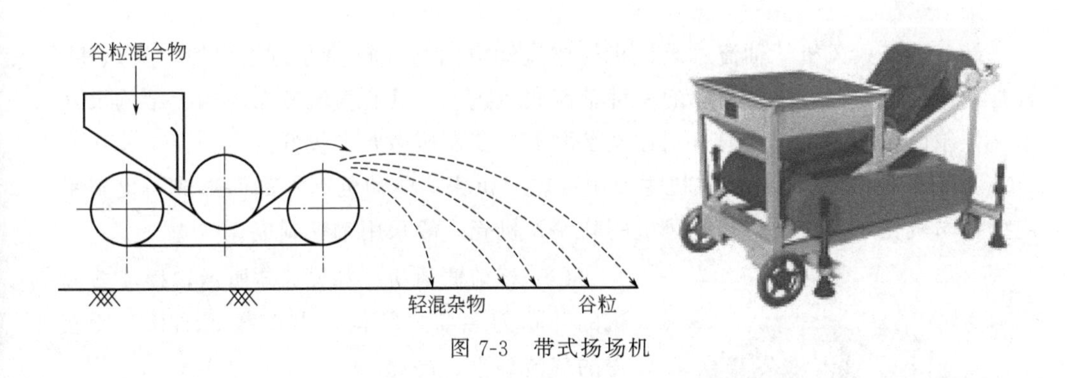

图 7-3 带式扬场机

2. 风机的构造及特点

用于谷物清选的风机分为离心式风机、轴流式风机和横流式风机（又称径流风机），各类风机由于工作特点不同应用场合也有所不同。

(1) 离心式风机 离心式风机结构简单、易于制造安装，出风口压力稳定，控制面域大，但气流分布不均匀，可以通过配置多个风机来均匀气流。

如图 7-4 所示，离心式风机由机壳、主轴、叶轮、轴承传动机构及电机等组成。机壳由钢板制成，坚固可靠，可为分整体式和半开式，半开式便于检修；叶轮转子应做过静平衡和动平衡，保证转动平稳，性能良好；传动部分由主轴、滚动轴承及带轮（或联轴器）组成。

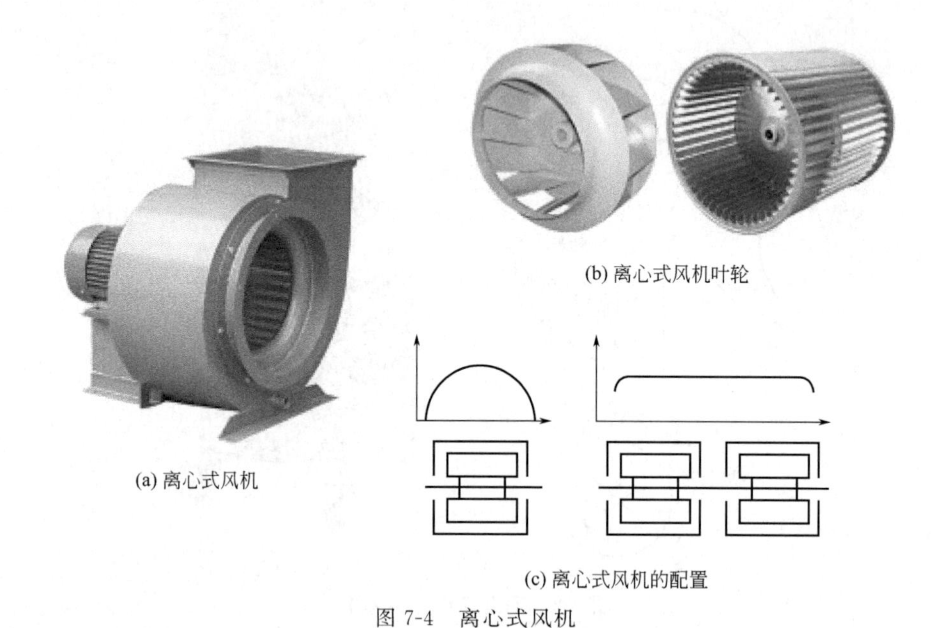

(a) 离心式风机

(b) 离心式风机叶轮

(c) 离心式风机的配置

图 7-4　离心式风机

（2）轴流式风机　轴流式风机指气体流动方向与叶轮轴方向相同的一类风机，日常使用的电风扇就是最简单的一种轴流式风机。它具有气流分布均匀、结构尺寸小、控制面域小的特点，通常用在流量要求较高而压力要求较低的场合。

如图 7-5 所示，轴流式风机主要由叶轮、机壳、电动机等零部件组成，支架采用型钢与机壳风筒连接，轴流风机的叶轮、机壳一般采用钢板制成。

图 7-5　轴流式风机

（3）横流式风机　如图 7-6 所示，横流式风机的叶轮为多翼式结构，出口截面细长，所获得的气流扁平、高速。

横流式风机的气体沿径向流入，最后再沿径向流出，进气和排气方向处于同一平面，所排气体沿风机宽度方向分布均匀，横流风机可以改变气体的进出方向，对风量的控制能力较好。由于其结构简单、体积小、动压系数较高而达到的距离较长，广泛用于干燥机以及谷物联合收割机上。

(a) 横流式风机叶轮

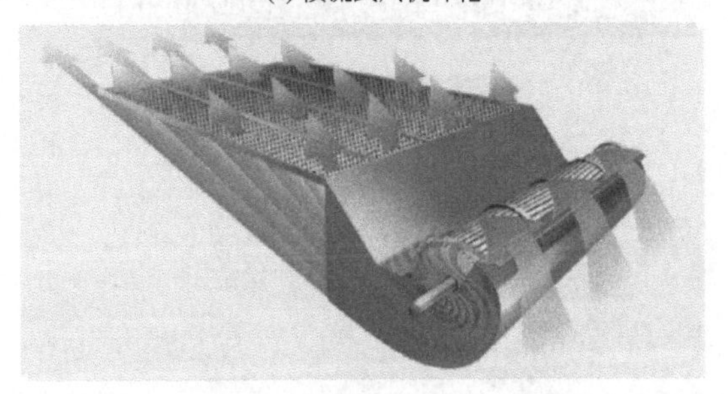

(b) 横流式风机

图 7-6 横流式风机

（二）利用谷粒的形状尺寸不同进行清选

这种方法又称筛选。谷粒的尺寸一般以长、宽、厚表示，在机械清选中，可根据谷粒和杂物尺寸的大小，用不同的方法把它们分开。具体方法是根据谷粒的大小、形状，设计适当的筛孔，以达到筛选的目的。目前谷物清选应用的筛子主要有编织筛、冲孔筛、鱼鳞筛等。其中冲孔筛又分为长孔筛、圆孔筛、窝眼筒或窝眼碟片、鱼眼筛等。清粮装置上较多的采用鱼鳞筛与冲孔筛。

1. 编织筛的特点及应用

编织筛网（如图 7-7 所示）是用压有弯扣的金属丝编织而成的，筛孔为方形或长方形。其优点是重量轻、开孔率高、制造简单、气流阻力小、有效面积大、生产率高，在多层筛子配置中宜作上筛。缺点是平面强度小、易变形、使用寿命较短等。粮食加工或种子加工企业清粮用的圆筒筛、直线振动筛的筛网多是选用的编织筛网。

（1）滚筒筛　滚筒筛（如图 7-8 所示）主要由电机、减速器、滚筒装置、机架、密封盖、进出料口等组成。滚筒装置倾斜安装于机架上。电动机经减速器与滚筒装置通过联轴器连接在一起，驱动滚筒装置绕其轴线转动。当谷粒混合物进入滚筒装置后，由于滚筒装置的倾斜与转动，使筛面上的谷粒混合物翻转与滚动，使谷物（筛下产品）经滚筒后端底部的出料口排出，大于谷粒的杂物（筛上产品）经滚筒尾部的排料口排出，从而达到对谷粒混合物进行筛选和分级的目的。

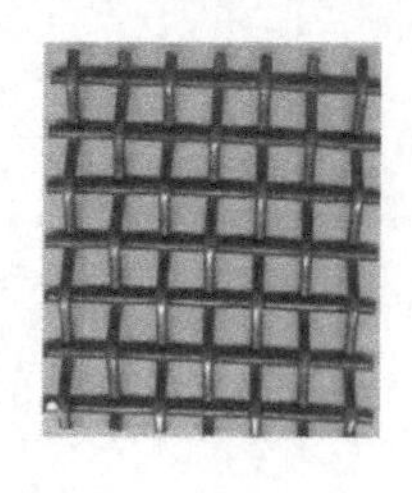

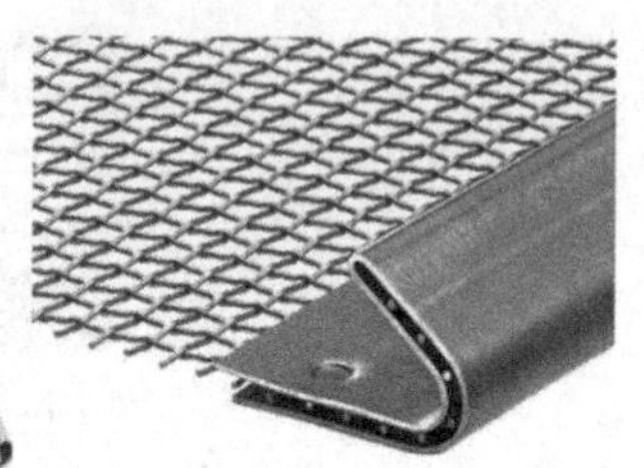

图 7-7　编织筛网

图 7-8　滚筒筛

由于谷粒混合物在滚筒内的翻转、滚动，使卡在筛孔中的物料可被弹出，防止筛孔堵塞。所以滚筒筛的筛孔不易堵塞，运行平稳，噪声较低，结构简单，维修方便，筛筒可封闭，易于密闭收尘，整机可靠性高，一次性投资较少。

（2）直线振动筛　直线振动筛（如图 7-9 所示）主要由筛箱、网架、筛网、振动电机、电机台座、减振弹簧、支架等组成。直线振动筛由双振动电机驱动，两电机轴相对筛面有一倾角，当两台振动电机做同步、反向运转时，其偏心块产生激振力。在激振力和谷粒混合物自重力的作用下，谷粒混合物在筛面上被抛起跳跃式向前作直线运动，从而达到对谷粒混合物进行筛选和分级的目的。

直线振动筛与摇摆筛、旋振筛相比，具有筛分精度高、结构简单、维修方便、耗能低、噪声小、筛网寿命长等特点。

2. 冲孔筛的特点及应用

在薄金属板材上冲制出具有特定形状的筛孔作为筛网。冲孔筛具有制造简单、不易变形、但有效面积小、生产率低的特点，一般用作下筛。冲孔筛根据用途不同常见的筛孔有长孔筛、圆孔筛、窝眼筒或窝眼碟片、鱼眼筛等。

图 7-9　直线振动筛

（1）长孔筛　用长孔筛可以把谷物按谷粒的厚度进行分离。长孔筛一般筛孔长度均大于谷粒长度，所以限制谷粒通过的因素仅是筛孔的宽度。由于在筛面上的谷粒可处于侧立、平卧或竖立等各种状态，筛孔的宽度只能限制谷粒的最小尺寸——厚度。凡谷粒厚度大于筛孔宽度的，就不能通过；厚度小于孔宽的就能通过，其过筛情况如图 7-10 所示。长孔筛筛片可用于振动筛、旋转筛等。

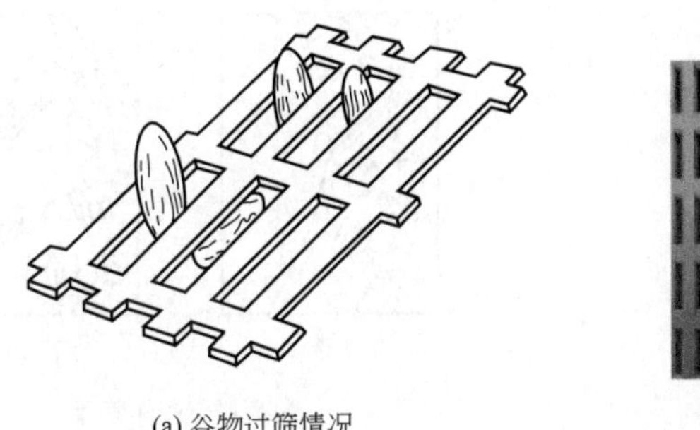

(a) 谷物过筛情况

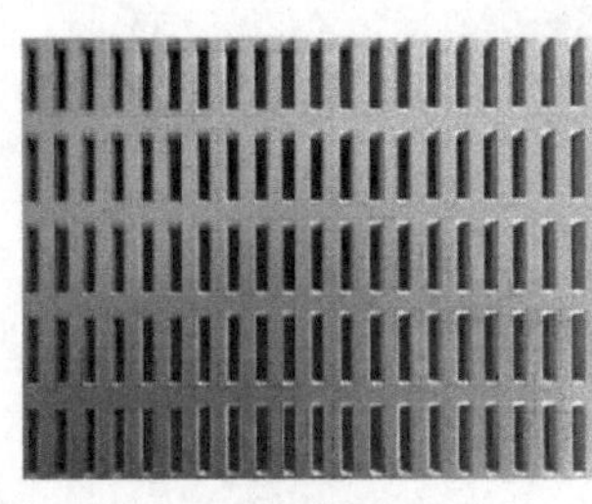

(b) 长孔筛片

图 7-10　长孔筛

（2）圆孔筛　用圆孔筛可以把谷物按谷粒的宽度进行分离。圆孔筛的筛孔只有一个量度即直径，而这一因素只限制谷粒的宽度。因此粒长大于孔径的可竖起来通过；粒厚一般均小于孔径，不影响通过性。所以粒宽大于孔径的不能通过；反之，则能通过，如图 7-11 所示。

（3）窝眼筒精选机　窝眼筒精选机的构造如图 7-12(a) 所示，主要工作部件为一个在内壁上冲有尺寸精确窝眼的滚筒，滚筒倾斜安装，筒内装有 V 形收集槽，槽内装有螺旋输送器。

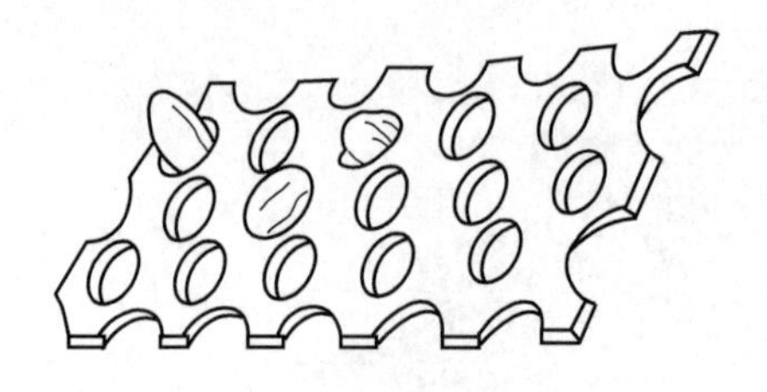

(a) 谷物过筛情况

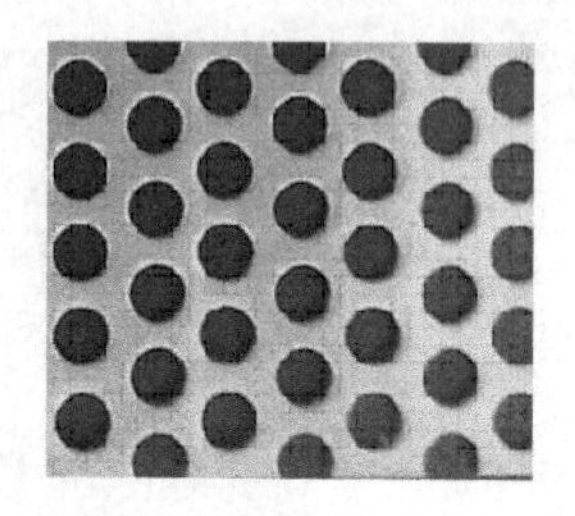

(b) 圆孔筛片

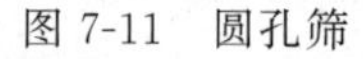

图 7-11　圆孔筛

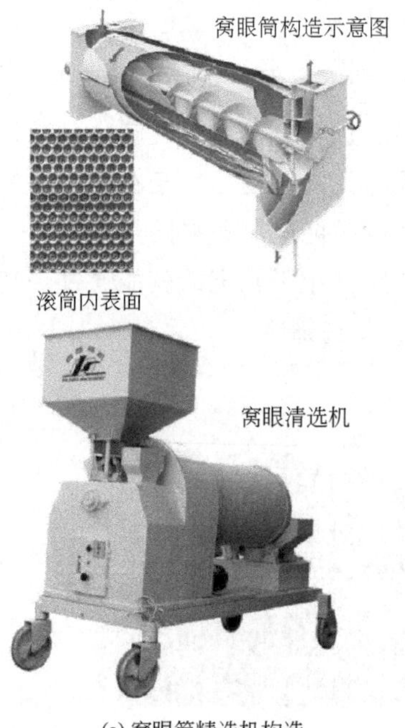

(a) 窝眼筒精选机构造

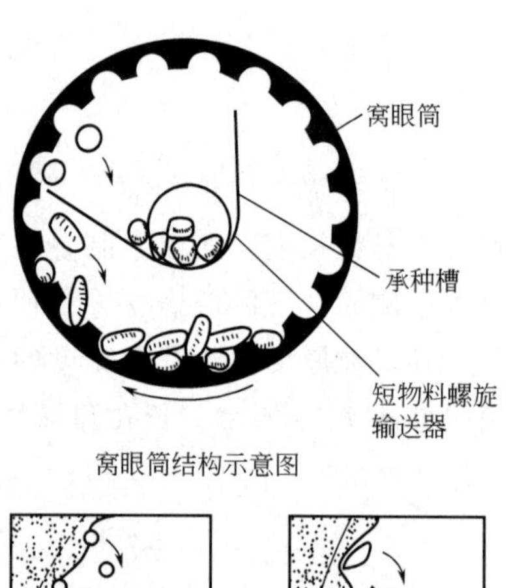

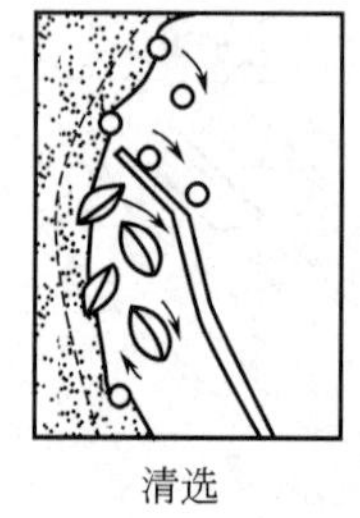

清选

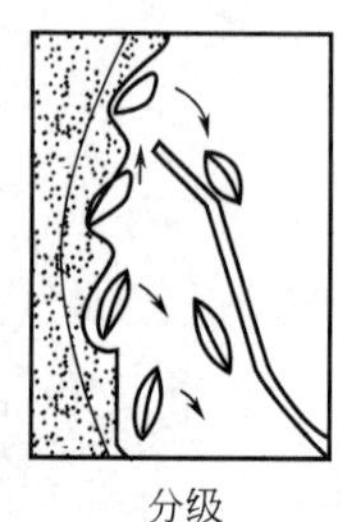

分级

(b) 窝眼筒工作原理

图 7-12　窝眼筒精选机

窝眼筒精选机用于按谷物的长度来分选种子，比如小麦、燕麦、豆类的分选，或是从物料中分离秸秆类杂质和其他不需要的过长和过短的颗粒等，工作原理如图 7-12(b) 所示。工作时把欲进行分离的物料从机架喂入口送入旋转的滚筒内，在筒壁下部形成翻转的谷层，长度小于窝眼口径的短谷粒（或短杂物）嵌入窝眼内，随滚筒上行一定距离后落入筒中心的 V 形收集槽中，并由螺旋输送器排出；而长粒物料即使进入袋孔也很快落下，无法到达较高位置，它在进料的压力和滚筒本身倾斜度的作用下，沿滚筒内壁滑移至出料端排出滚筒，从而完成对长短谷粒的分离精选。从上述工作原理分析可以看出 V 形收集槽与滚筒内壁的间距对物料起到十分关键的筛选作用。为分别适应物料除去长杂或短杂的不同需求，收集槽与滚筒内壁的间距是可调节的，一般是通过蜗轮蜗杆装置调节 V 形收集槽在滚筒内的高低位置来实现。另外，为适应不同物料的精选要求，滚筒常采用组合式设计，即可根据不同物料的需要更换表面窝眼尺寸不同的窝眼滚筒。

（4）碟片精选机　碟片精选机的构造如图 7-13(d) 所示。主要由一组共轴装置的碟片、调节机构、回流绞龙、传动机构及机壳等组成。

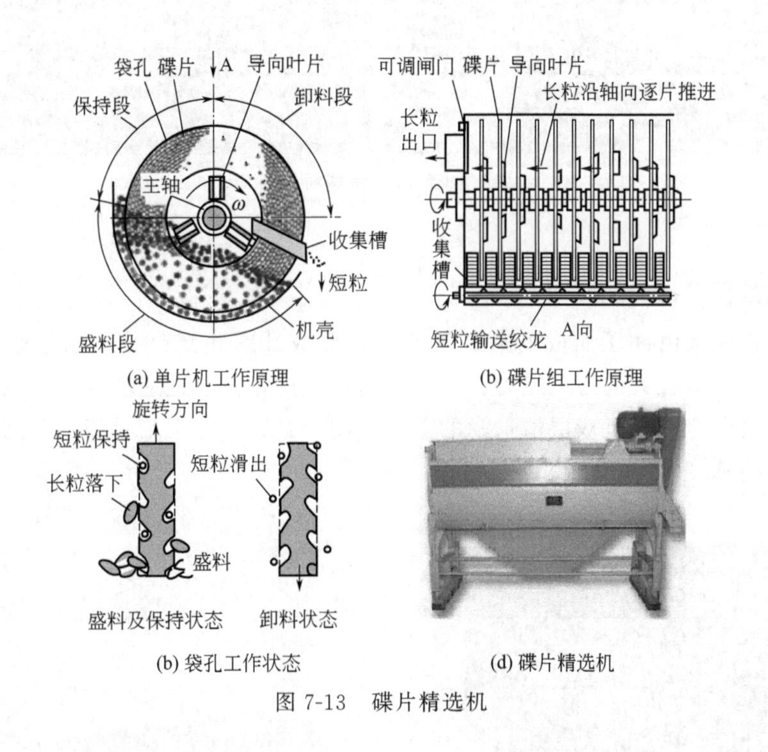

(a) 单片机工作原理　(b) 碟片组工作原理

(b) 袋孔工作状态　(d) 碟片精选机

图 7-13　碟片精选机

物料由进口进入设备后即落入碟片之间，与碟片接触的同时，在导向叶片的推动下，沿轴向逐片向后推送、接受分选直至由长粒出口排出；被各碟片选出的短粒落入碟片间的收集槽，流经小淌板由短粒出口排出。

为提高设备的适应能力，分选同类物料的碟片通常也有几种规格，一般在同台设备的碟片中装置两至三种规格的碟片，且在进料段装置袋孔尺寸最小的碟片。改变各碟片中导向叶片的数量与安装方向，可控制机内物料的轴向推进速度，从而控制物料在机内的停留时间；调节长粒出口下方的扇形闸门可控制出料端的斜面高度，相应可调节选出物料的分流比，闸门遮挡的面积越大，分选出的短粒流量越大。正常情况下，应控制设备的工作流量并通过正确地调节，使机内物料沿轴向基本保持水平且一般不得淹没主轴。

(5) 鱼眼筛 鱼眼筛是在薄金属板材上冲制出凸起的鱼眼状筛孔（如图 7-14 所示）。混合物在筛面上只能单向选别，向后推送的能力比较好，结构简单，生产率低，用于联合收割机双层清选筛的下筛。

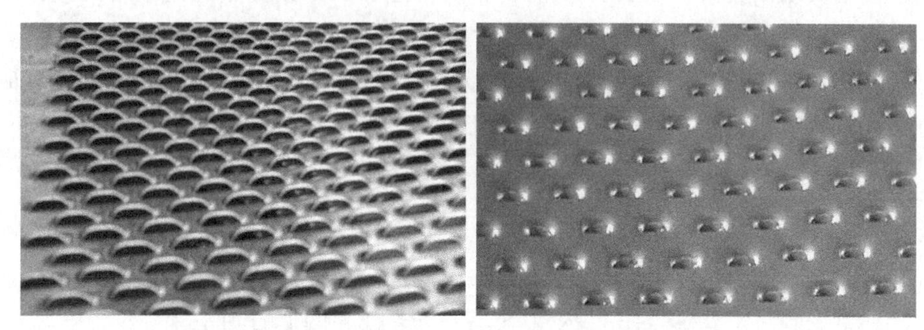

图 7-14 鱼眼筛

3. 鱼鳞筛的特点及应用

可调鱼鳞筛由冲压而成的鱼鳞筛片组合而成［图 7-15(b)］，筛片倾角和孔口的大小可调，有较大的透风能力、不易堵塞、生产率高、适应性强。可调鱼鳞筛主要用于谷物联合收割机双层清选筛的上筛［图 7-15(a)］，下筛采用圆孔筛、鱼眼筛或小孔鱼鳞筛。

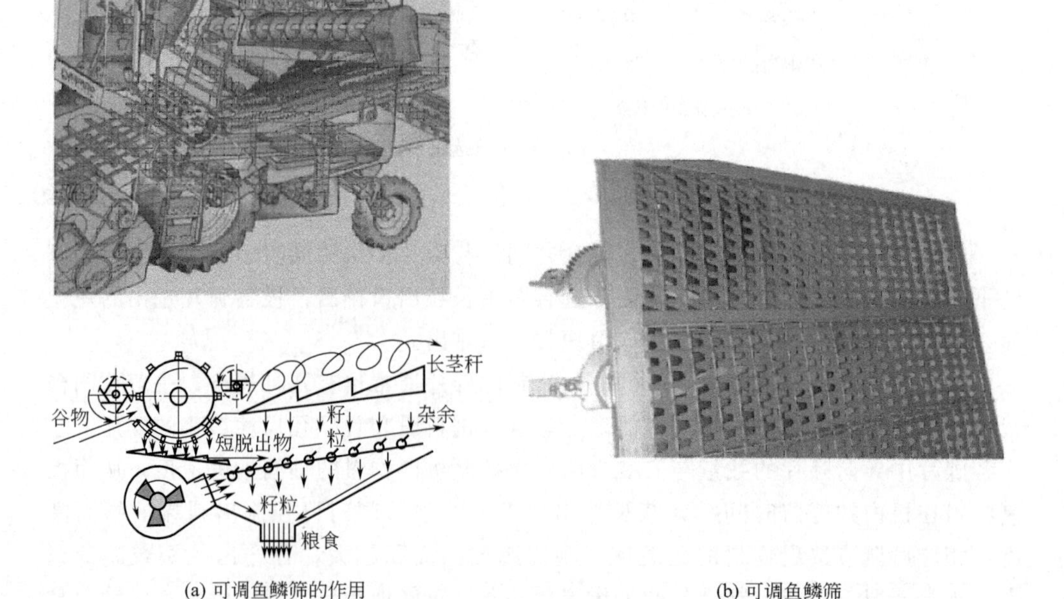

(a) 可调鱼鳞筛的作用

(b) 可调鱼鳞筛

图 7-15 可调鱼鳞筛

可调鱼鳞筛的开度调节要与风量调节相配合，应使籽粒在通过鱼鳞筛的过程中从上筛落下。如果上筛开度过大，风量过小，就会增加下筛负荷；如果鱼鳞筛开度不够，风量过大就会使一些籽粒被抛落到机器的后面，造成清选损失。

（三）利用谷粒和混杂物的密度不同进行清选

按密度分离的方法有湿法和干法两种。农村常用的盐水选种法就是湿法，由于湿法选种后还要对种子进行洗盐和烘干，耗时费力。所以目前多采用密度清选机即干法来进行谷物的清选。密度清选机适用于对小麦、玉米、水稻、大豆等种子的清选，可有效地清除物料中外形尺寸与其相同而密度不同的各类轻杂和重杂，如虫蛀、霉变、空心、干瘪、无胚的种子，颖壳以及碎砖、土、石块、沙粒等。既可单机使用，也可与其他设备配套使用，是种子加工成套设备中主要设备之一。

密度清选机是由一个在纵向和横向两个方向都有一定倾角（分别称之为纵向倾角和横向倾角）的密孔筛作为筛床，筛床工作时作高频振动，筛面上的物料同时受到向上气流的作用［图 7-16(a)］一种清选设备。多数密度清选机的振动频率，纵向、横向倾角及风量均可调节，有的密度清选机还配有转速、风压显示的仪表，以方便用户调节使用，如图 7-16(c) 所示。

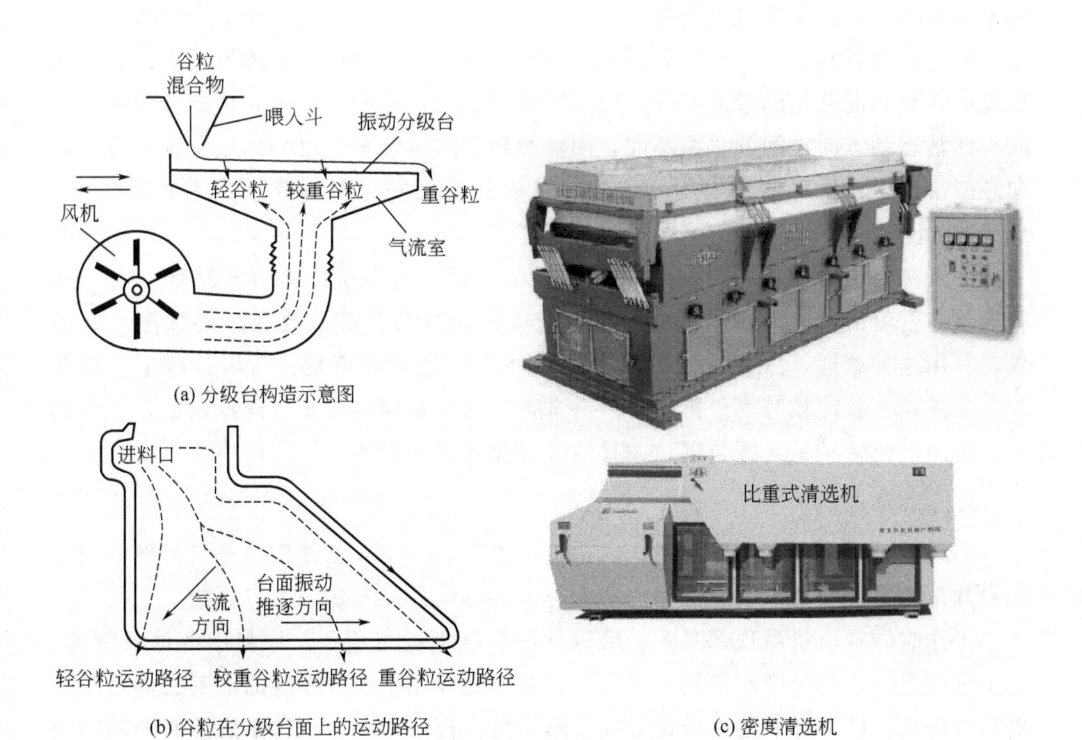

图 7-16　密度清选机

密度清选机的工作原理是综合应用了气流和振动等作用，把物料按密度进行分离。工作时，谷粒从入口处进入台面，随台面的振动而逐步分布于筛面形成薄层，在一定压力的气流作用下，谷粒依其密度分成不同层次，处于悬浮状态。密度大的在最下面贴着筛面，因受到台面振动的推逐作用不同，谷粒在台面上移动的路径也不一样，重质谷粒或重杂物，一面受台面振动的推逐向右侧上移，一面因台面倾斜向前下方滑动，因而沿台面的斜边走最长路径，由最右侧出口流出。位于上层的最轻的杂物和谷粒，很少受到台面的推逐作用，仅依气流和台面倾斜的作用向最低点移动，由最左端出口流出。中层的谷粒，则依照层次所受到的不同推逐力和气流作用，分别由中间各出口流出，如图 7-16(b) 所示。这样，就能按谷粒和杂物的不同密度分成 3～5 级，从而达到了清选或分级的目的。

（四）利用谷粒表面特性不同进行清选

利用谷粒与混杂物的表面形状及粗糙程度不同、在斜面上的滚动或滑动的摩擦阻力不同也可以进行谷粒与杂物的清选等。

1. 回转倾斜带式清选机

如图 7-17(a) 所示为回转倾斜带式清选机构造示意图，它是根据谷粒与混杂物的表面形状、表面粗糙度和摩擦力等不同来进行分离。工作时谷粒落于回转的倾斜带上后，粒形较圆、表面光滑的谷粒，可沿带面下滑和滚落；粒形不太规则、表面粗糙的谷粒和混杂物随带面上升，从顶部落到机后，使两者分开。根据带的倾斜方向与回转运动方向之间的关系不同，回转倾斜带式清选机又可分为纵向倾斜带和横向倾斜带两种。这种清选机构分离球形谷粒效果较好。倾斜带回转速度取 0.5～1m/s，倾斜角度取 25°～45°，可根据需要调节。

如图 7-17(b) 所示为 5XDC 系列带式清选机，为多层倾斜带式结构。由于物料形状、密度的不同，在重力的作用下造成物料滑动摩擦系数和滚动摩擦系数各异，利用这种原理，这种系列带式清选机一次可选出如草棍、石块、沙土、霉变粒、虫蛀粒、破碎粒等不规则粒形。清选带的纵向和横向倾角可任意调整，无级调速。该清选机特别适合圆粒型，尤其清选豆类效果最理想。

2. 螺旋精选机

如图 7-18(a) 所示为螺旋精选机构造示意图，其主要工作机构是与水平方向有一定倾角的螺旋面抛道，它能根据谷粒与混杂物粒形的差别来进行除杂。

工作时原料由机器顶部喂入，沿倾斜的螺旋面抛道流下。原料中的球形颗粒，由于滚动阻力小而沿螺旋面快速下落，在离心力作用下沿外螺旋面滚到底部，从外出料口排出；而非球形物料沿螺旋面下落较慢，离心力小，只可沿螺旋面内侧稳定地滑下，在内出料口排出。偶尔落入外抛道的非球形物料沿外抛道下滑的速度仍低

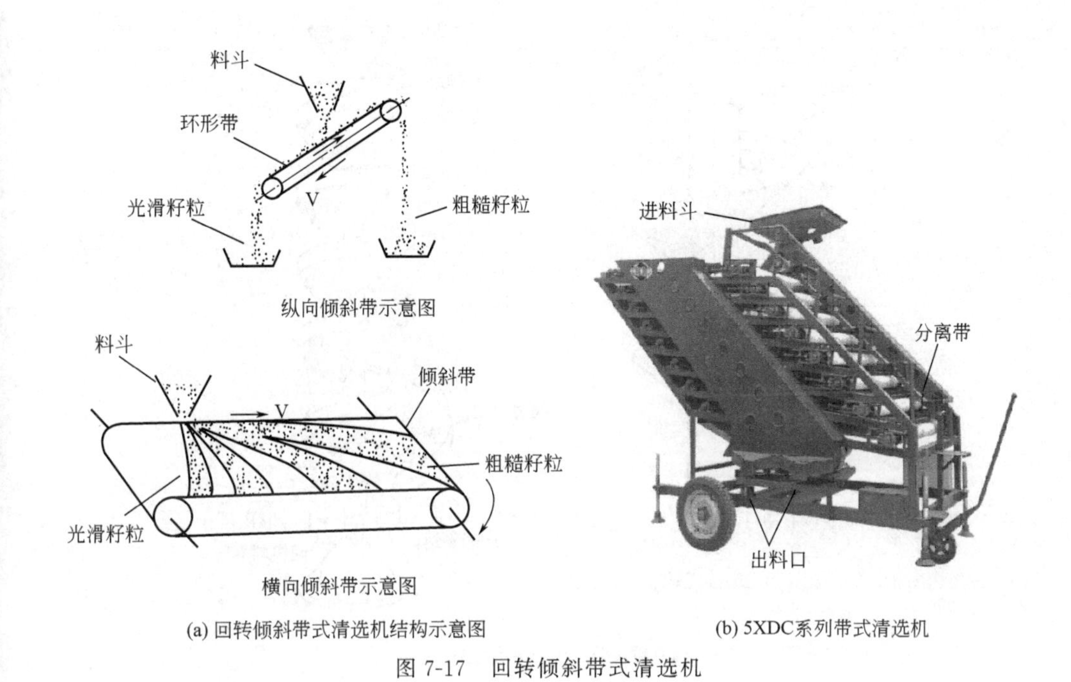

(a) 回转倾斜带式清选机结构示意图　　(b) 5XDC系列带式清选机

图 7-17　回转倾斜带式清选机

于球形物料，主要在外抛道的内侧运动。在外抛道的下端设置可调隔板，可对外抛道上的物料进行二次分选，分出的物料混合物一般进行回机重新分离。图 7-18(b) 所示为各种类型的螺旋精选机。

（五）利用种子的颜色特征不同进行清选

由于光线照射在不同颜色的物体上所产生的光电效应不同，可以根据种子表面颜色上的差异来进行种子分选，常用的有小麦色选机、大米色选机等。

如图 7-19(a) 所示为色选机工作原理示意图，工作时将被选物料从顶部的料斗喂入机器，通过振动喂料器的振动，被选物料沿滑槽下滑，进入分选室内的观察区，并从传感器和背景板间穿过。在光源的作用下，物料的反射光与事先在背景上选择好的标准光色进行比较，当种物料的反射光不同于标准光色时即产生信号，控制系统根据该信号驱动电磁阀工作，利用压缩空气吹出异色颗粒，而好的被选颗粒继续下落至成品接料斗中，从而达到选别的目的。

如图 7-19(b) 所示为大米色选机，大米色选机是利用异色杂质与大米表面色泽深浅对光感的对比度不同来进行工作的。工作时首先将大米利用旋转分配器均匀地分送到每台色选机上，然后通过一个震动分流器将米流均匀地分送到各个滑道内，在通过具有一定角度的滑道时，由装在米流两侧的光学摄像镜头将米流通过光

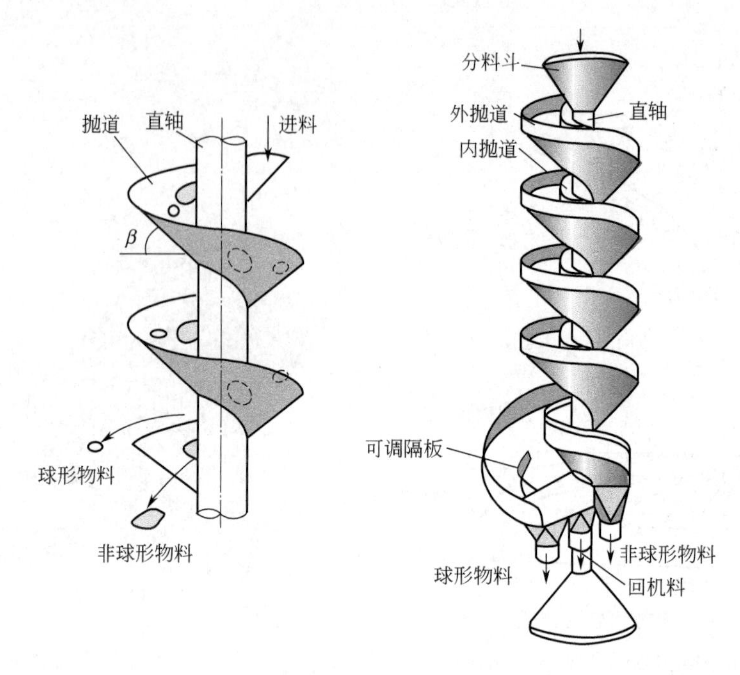

(a) 螺旋精选机构造示意图

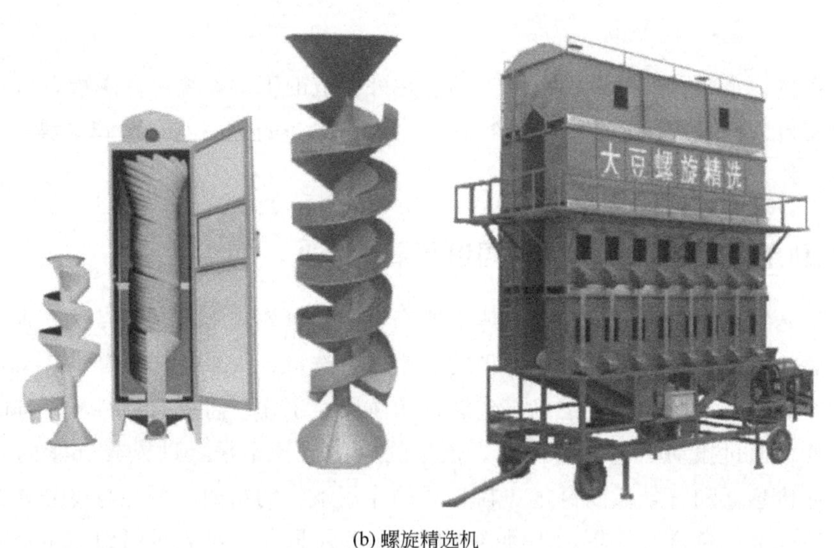

(b) 螺旋精选机

图 7-18　螺旋精选机

照对比，捕捉到比大米颜色深的目标时，命令电磁阀启动高压气流喷嘴，用高压气流喷吹目标，从而将所要清除的异色杂质喷出。喷吹时会带出一定比例的正常大米，这是一次色选过程。一次色选出的杂质和带出的正常大米，通过提升机送到二次色选系统，再经过相同的过程，将目标清除。然后，再把经过二次色选后留下的正常大米含量较高比例的米流回送到一次色选系统，进行再色选。二次色选出的黑色杂质包括少量的正常大米作为下脚单独处理。

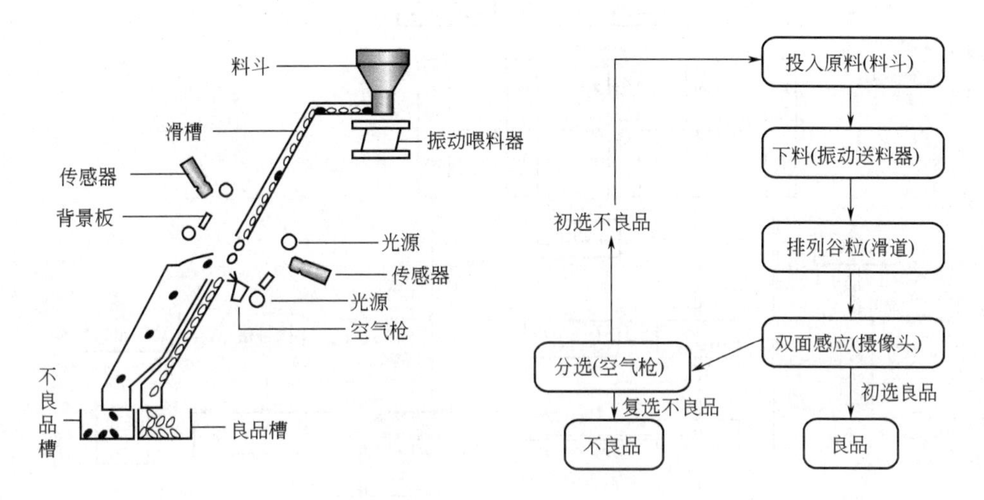

(a) 色选机工作原理示意图

(b) 大米色选机

图 7-19　色选机

三、复式清选机

复式清选机就是将筛选、气流清选和窝眼清选等按一定的工艺流程组合在一台机器上，因而可以根据谷粒的几种主要特性（如长、宽、厚、空气动力学特性）同时进行清选。下面以复式种子清选机来学习复式清选的工作过程和基本构造。

复式种子清选机的工艺流程如图 7-20 所示。复式种子清选机的结构原理及实物如图 7-21 所示。

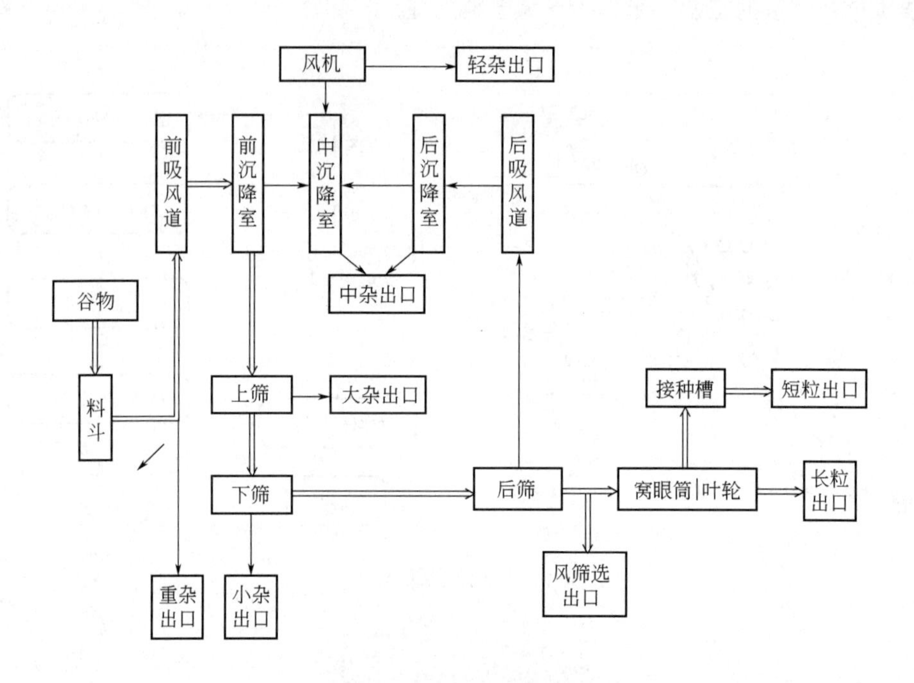

图 7-20　复式种子清选机的工艺流程

这种复式清选机工作时，谷粒由料斗闸门进入前吸风道，被风道中的气流提升到前沉降室。气流提升不动的重物下落至重杂出口排出。进到前沉降室的谷粒因气流速度降低而降落到活门上，积累到一定量时压开活门进入上筛面；轻杂质则随气流进入中间沉降室，此杂质中稍重的部分又因气流速度再次降低而下落，经活门到收集槽，然后由中杂出口排出；最轻的杂质随气流经风机由出风口排出机外。落到上筛面的谷粒和杂物，大于上筛孔的大杂物流过上筛面后从大杂出口排出；其余的通过上筛筛孔进入下筛面，小于下筛筛孔的碎粒和小杂物，通过下筛孔落到筛底的滑板上，经小杂出口排出；比较好的谷粒流过下筛面，在经过后筛时受到后吸风道气流的二次风选。后吸风道的气流把谷粒中的病虫害粒、不成熟的轻粒等吸入后沉降室，因气流速度降低而下落到室底活门，经收集槽由中杂出口排出，较轻的杂物随气流吹出机外。

流过后筛的谷粒有两条线路，由活动挡板控制：一是不需要按长度精选的谷粒，可由机侧的风选筛选出口排出；二是需要按长度精选的谷粒，则进入窝眼筒再次清选。短谷粒和杂质落到窝眼内后被带入接种槽，经短粒出口排出；长谷粒从窝眼筒内流向出料叶轮，再从长粒出口排出。

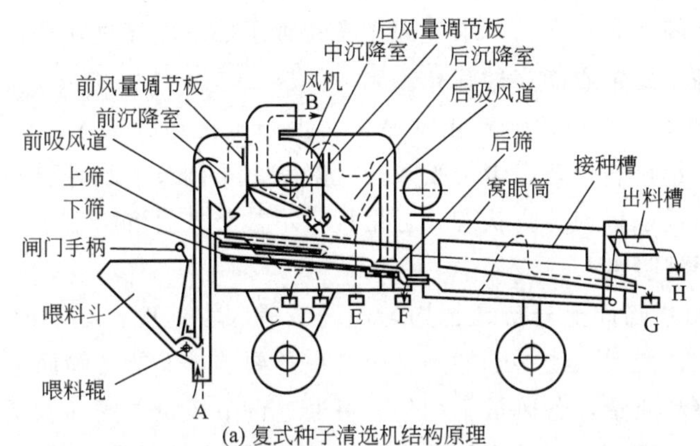

(a) 复式种子清选机结构原理

A—重杂物出口；B—轻杂物出口；C—大杂物出口；D—小杂物出口；
E—中杂物出口；F—风、筛后谷粒出口；G—长粒出口；H—短粒出口

(b) 复式种子清选机

图 7-21 复式种子清选机

四、风筛清选机的安全使用技术

风筛清选机主要用于谷物、豆类、粮油和蔬菜作物等种子的除去大杂、小杂、轻杂和尘土等杂物，以提高种子净度。

① 开机之前，首先检查各外露运动部件的防护情况、紧固件的松动情况、带的张紧度，必要时给予调整。

② 根据机器使用说明书要求定期对各运动部件表面加注润滑油；检查各运动部件转动是否灵活，有无异常声响等；确保各调节机构操作灵活。若有故障须排除后才可开机。

③ 筛片规格的选择原则：上筛要求全部种子能够穿过筛孔，筛面上仅能留下茎秆等大杂；中筛要求全部单粒种子能通过筛孔，筛面上仅留两粒以上粘连的种子

及大于正常种子的杂质；下筛要求全部正常粒种子都不能穿过筛孔，仅为碎瘪粒和尺寸小于正常种子的杂质能穿过筛孔。

④ 机器开动时，待机器运转正常后，由提升机把物料送入风筛喂料斗，然后调节前吸风道风量，使轻杂和尘土吸入前沉降室，再调节后吸风道的风量，使通过后吸风道风口的种子呈现沸腾状态，合格种子不被吸入后沉降室，而使病弱、虫蛀和不成熟的种子被吸走。

⑤ 观察物料在筛面上分布是否均匀，调节喂入辊速度，必要时调节喂入辊和挡板之间的间隙，使喂入物料既能满足生产率的要求，又能在筛面上分布均匀，从而提高生产效率和质量，若风量不均匀，可通过调节风量总阀和微调阀，再调整前后吸风道的风量，直到达到满意效果为止。

⑥ 在各排料口均有物料袋卡子，开机之前先把袋子卡上，开启各口插板，当杂质装满时，关闭插板，换上空袋子，再打开插板。

⑦ 更换品种时，要对机内残留的种子清理。清理时要使机器运转，微调阀门关闭，其他阀门开到最大位置，打开前后沉降室搅龙的活门，排除残余的杂质，确认无残留的杂质后关闭机器。将筛片取出，开空机运转 10min，再用高压空气清理，确认清扫干净后，换上所需规格的筛片，最后锁紧筛箱。

⑧ 选种结束后，清理机器，空转机器排出各部位的杂质和种子，使机器保证在良好状态。

⑨ 切断电源，做好当班生产记录。

⑩ 机器不使用时，取下所有筛片，清理干净，码放整齐，以防生锈和变形。

五、窝眼筒精选机的安全使用技术

窝眼筒精选机用于按谷物的长度来分选种子，比如小麦、燕麦、豆类的精选，或是从物料中分离秸秆类杂质和其他不需要的过长和过短的颗粒等。为了提高分离效率，物料在进入窝眼滚筒精选机前必须进行彻底的预清理。

① 开机前要检查窝眼滚筒的运转情况，不得有卡死或卡滞现象；机内不得有异物；各连接部位不得有松动现象；滚筒旋转方向应与机壳和刻度盘上的箭头方向相符。

② 检查后接通电源，进行空机运转，应无异常声响。

③ 空机运转正常后方可进料。清选过程喂料要均匀，不得超过额定产量。

④ 刻度盘的扇形方向与机内搅龙槽相对应。操作者可通过调整刻度盘来改变搅龙槽接料边的位置［如图 7-22(a) 所示］，以调整分离效果。

⑤ 定期检查除杂效果［如图 7-22(b) 所示］和袋孔的磨损程度［如图 7-22(c) 所示］，如已磨损至与预期的除杂效果有较大差距时，应及时更换窝眼滚筒［如

图 7-22(d) 所示]。

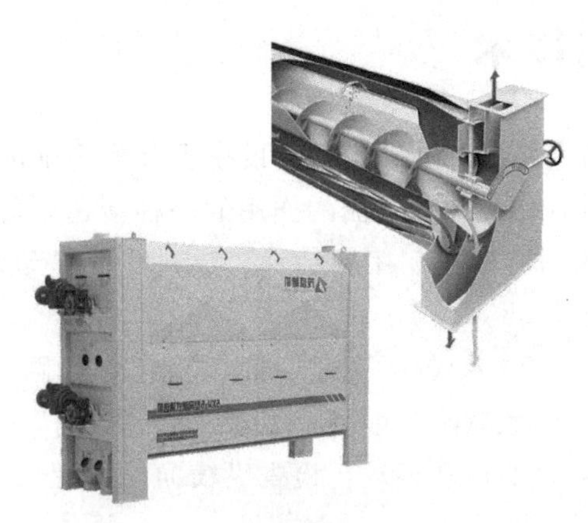

(a) 绞龙槽位置调整

(b) 检查除杂效果

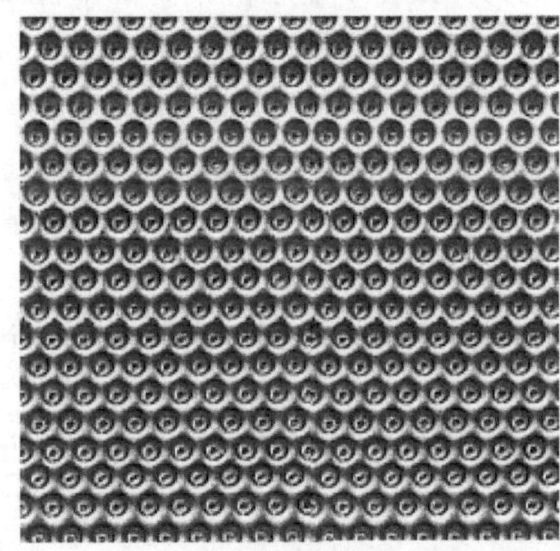

(c) 检查袋孔磨损情况

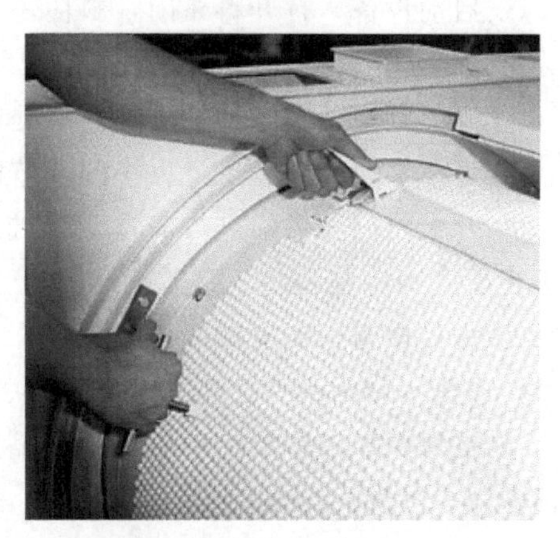

(d) 更换窝眼滚筒

图 7-22　窝眼筒精选机的使用

⑥ 应定期清理嵌在筛孔上的谷粒和其他杂质，以保证清选效果和效率。

⑦ 对主轴上的滑动轴承，每 24h 应加注润滑脂一次。减速器内的蜗轮蜗杆油的油面高度不允许低于油标中心，同时应及时补充并定期更换。新减速器第一次使用时，运转 500h 后须换新油，以后可根据情况 6 个月或更短时间换油一次。

⑧ 选种结束时，先停止进料，在机器运转且滚筒内无积料的情况下，旋转手轮使机内搅龙口朝下，待搅龙槽内的余料倾入滚筒并被排空后停机。注意停机后仍需旋转手轮，使机内绞龙槽口恢复至正常工作位置，停机后应及时清除机器表面积尘。

⑨ 切断电源，做好当班生产记录。

⑩ 应注意保持机器清洁，尤其是电动机和减速器表面的积灰、污垢，应及时清除，以保证散热效果。

六、密度清选机的安全使用技术

密度清选机是由一个在纵向和横向两个方向都有一定倾角的密孔筛作为筛床，筛床工作时作高频振动，筛面上的物料同时受到向上气流的作用的一种清选设备。密度清选机主要由机座、机架、风机、压力空气室、工作台面、喂料斗、驱动系统、排料系统等组成。

① 按照加工种子的粒度选择合适的工作台面。小粒种子用亚麻布面或铜丝编织网筛，加工小麦用11～13目方钢丝编织筛，加工玉米等大粒种子用8～9目方钢丝编织筛。

② 首先将机器空转几分钟，确保无异常响声和振动，检查纵横向夹紧螺母是否夹紧。

③ 启动设备，打开料斗门，料门不要太大，以种子能较薄布满工作台面的流量为准，让物料穿过工作台面流向高处。

④ 调整频率，直到种子顺利向高处流动。

⑤ 逐渐加大风量，风量大小的调节以工作台面上的物料呈流化状态为准。

⑥ 开大料门和风门进行清选，清选过程中要随时检查清选效果，发现清选效果不良要立即检查调整。

⑦ 每月检查一次皮带的松紧程度，如果有问题应及时调整或更换；每个加工季节，对密封轴承和变速箱加油2～3次。

⑧ 在每次加工季节结束后，用压缩空气自上而下地对筛床进行清理，以不影响清选效果为准。

⑨ 对整机进行整理，筛床存放在干燥通风处。

七、密度清选机常见故障及排除

密度清选机常见故障及排除方法如表7-1所示。

表7-1 密度清选机常见故障及排除方法

故障现象	故障原因	排除方法
成品种子出口处混有过量的轻杂	①风机风量不足 ②筛床纵向和横向倾角过小 ③筛床振动频率过高	①加大风量 ②增大筛床纵向和横向倾角 ③降低振动频率
轻杂出口处有好种子排出	①筛床的横向倾角太大 ②成品种子出口挡板的开放角度偏小 ③筛床振动频率过低 ④风机风量偏大	①减小筛床的横向倾角 ②加大成品种子出口挡板的开放角度 ③增大筛床振动频率 ④减小风量

思考题

1. 调查当地清选机械、分级机械的类型及型号。
2. 分析各种清选机的清选作业效果及优缺点。
3. 分析各种分级机的作业质量及优缺点。
4. 总结清选机械、分级机械的安全操作方法。
5. 总结清选机械、分级机械的调整项目及方法。
6. 总结清选机械、分级机械的维护保养项目及方法。

单元八
谷物干燥机的安全使用技术

刚收获的谷物，含有较高水分，如果这些高水分的谷物未经晾晒或烘干，就直接装袋里或被堆积在一起，数小时内就开始发热，导致谷物的食味、品质下降，甚至发霉变质，因此需要及时进行干燥处理，将谷物含水量降低到安全储存标准，才能确保谷物生物活性与品质不受影响。

人们要吃到优质的粮食，除了品种、栽培方法、生长环境等措施外，还需要及时科学的干燥、储藏方法与装备来保证每一粒谷物的生物活性与新鲜度。高水分的谷物收获后 3h 内应进入机器干燥，24h 内将其水分降到安全储存标准。所以干燥是粮食产后处理重要的环节之一，干燥作业是否得当，直接影响着粮食的等级、加工质量和食用品质，进而影响到粮农和粮食流通企业的经济效益和人们的生活质量。

一、谷物干燥过程

谷物中水分的排除需要依靠汽化。干燥的过程就是为谷物中水分的汽化创造条件的过程。现有的干燥方式，多是利用常温空气、加热空气等作为介质，带走谷物中的水分。介质在与谷物接触时能带走多少水分，主要取决于介质的温度、相对湿度、速度以及介质通过谷物时的状态。

谷物干燥过程一般分为四个阶段，即预热、水分汽化、缓苏和冷却。

(1) 预热　将加热的空气穿过谷物，或采用微波、远红外线对谷物加热，使谷物升温。

(2) 水分汽化　谷物升温到一定温度后，表层水分开始汽化，内部的水分向谷物表面转移，逐渐汽化。

（3）缓苏　为减少谷物内外的温差，消除内应力，避免谷物出现裂纹（俗称爆腰），需将谷物保温一段时间。

在稻谷的干燥过程中，高水分谷粒内部的水分不断向外部移动，如果干燥温度过高，外部水分的蒸发过快，内层水分转移速度跟不上，则内外层之间就会因较大的水分差异，从而诱发应力集中现象，导致谷粒产生裂纹，这种裂纹俗称“爆腰”，会增加碎米率。为了解决稻谷烘干后的爆腰问题，一般采用以下措施：较低的热风温度，采用缓苏方法，限制稻谷的干燥速率。所以当遇高水分的稻谷干燥时，一定要按照说明书要求，控制干燥温度，使谷物的降水速度不宜过快。

（4）冷却　将谷物温度降至常温，以便储存。

二、谷物干燥方法

（一）按介质温度和干燥速度分类

（1）低温慢速通风干燥法（即不加温干燥法）　是将相对湿度较低的外界空气引入并穿过谷层，利用空气相对湿度低时能降低谷粒平衡湿度的特点，使谷粒放出水分。这种方法不需要复杂设备，不用燃料，成本低，无污染，但干燥速度慢。

（2）高温快速干燥法　是把介质（空气）加热到50～200℃，再使之与谷粒接触，提高了谷粒温度，从而达到快速干燥的目的。所用介质温度不同，则干燥时间也不同，短则几分钟，长则几小时。干燥机可以连续干燥，也可以分批干燥。

（二）按热传递方式分类

（1）热力对流干燥　利用加热的空气直接与谷粒接触，热量以对流的方式传递给谷物，使水分汽化，然后气体介质再把排出的水分带走。

（2）热力传导干燥　使谷粒和被加热物体的表面直接接触，热量以传导方式传给谷粒使水分汽化，从而达到干燥的目的。

（3）辐射干燥　利用太阳能和远红外线照射到谷粒上，它们的辐射能被吸收后，转换成热能，而使谷粒加热、干燥。如日晒、太阳能干燥和远红外干燥等。

（4）高频电场干燥　将谷物置于高频电场中，谷物内部的分子受电场的作用而振动，振动的分子间产生摩擦，从而使谷物加热，水分蒸发，达到干燥目的。这类干燥机有高频谷物干燥机（频率1～10MHz）、微波干燥机（频率300MHz）等。

（5）联合干燥法　将上述方法综合采用。

（三）按谷物运动状态分类

（1）固定床干燥机　谷物在干燥过程中处于静止不动状态，如自然通风仓。

（2）移动床谷物干燥机　谷物在干燥机内缓慢地由入口向出口移动，在移动的过程中，进行干燥。这种类型的干燥机应用广。

（3）流化床谷物干燥机　在这种干燥机中干燥介质的运动速度比在移动床干燥机中大，干燥介质穿过谷物颗粒时使谷粒间摩擦力降低，甚至消失，这时谷粒具有类似流体的性质，在气流的配合下可沿斜面（2°～5°）翻转流动。

（4）沸腾床谷物干燥机　干燥介质的速度继续增大，使谷粒稍被吹起，呈剧烈的跳动翻转，好似开水沸腾的状态。

（5）喷动床谷物干燥机　干燥介质的速度再继续增大，使谷粒在机内向上像喷泉状喷起，然后向周围落下。

（四）按谷物运动方向分类

（1）交流式干燥机　谷粒的流向与介质的流向互相交叉。

（2）并流式干燥机　谷粒流向与介质流向相同。

（3）逆流式干燥机　谷粒的流向与介质流向相反。

此外，根据谷物流出干燥机的方式不同，可分为间歇式（分批）和连续式两种干燥机。

谷粒干燥的方法很多，因而干燥机的种类也很多，在生产中应根据干燥机的生产率、能源、使用技术等进行选用。

随着科学技术的发展，谷物机械化干燥已由原来以降低谷物水分含量、减少储存霉变损失的单一目标发展为当今在降低谷物水分含量的同时对谷物质地进行调制，达到既降低水分，又提高谷物内在品质，提高种子发芽率等的多重目的。

无论使用哪种形式的干燥设备，在干燥前，必须对谷物进行清洗，除去其中的茎叶、杂草、泥块等杂质，以利于干燥。

三、不加温干燥

用自然通风干燥（不用风机），需要充分注意外界空气的温度和相对湿度。在白天温度低于15℃、空气相对湿度高于75％的地方不宜采用。

在正常天气情况下，应每天定时测定粮温，每3～5d测定一次粮食水分。阴雨天应缩小间隔增加测定次数。对空气温度和相对湿度的变化，要作检测记录，通常每天4次（2:00、8:00、14:00、20:00）。当空气相对湿度大时，需要密闭，以防止谷物吸湿，水分回升。

用风机通风时，要根据谷物的潮湿程度确定运转时间。初进仓的谷物湿度较大，依其潮湿程度可以连续运转或多次间歇运转。当谷物湿度降到18%以下，每天鼓风3～5次，每次1～2h即可。通风应在白天进行，特别是12:00～15:00气温较高，相对湿度较低，效果最好。根据谷物的种类和湿度的不同，可采用每立方米谷物1～5m^3/min的气流流量，动力耗用为每除去1kg水分约需11～23kW·h。仓内谷层应摊平，各处厚度一致，且不宜太厚，通常为1m左右。如谷层厚度较大时，需要选用压头较大的风机，并增加气流流量。

在采用地板上放置可移动的横向气道通风时，为保证气流分布均匀，谷层厚度应在气道间距的2倍以下。

四、加温干燥

低温慢速干燥对温度和时间要求虽不甚严格，但高温快速干燥则需严格控制。其界限依谷物种类和干燥机结构性能虽稍有不同，但一般烘干种子时，谷粒温度最好在40℃以下，烘干食用粮时可稍高，最好也应控制在45℃以下，并且都需尽早进行冷却。在烘干过程中，可以在短时间内接触较高温度的气流，但决不能长时间延续。虽允许介质温度可高于谷粒容许温度，但这是指在等速干燥阶段和降速干燥阶段的开始而言。如果干燥过程持续到降速干燥阶段末期，则介质温度就不允许超过谷粒容许温度。因而用高于谷粒容许温度的高温气流干燥时，谷粒在机构停留时间不宜过长。不宜期望通过一次即降低大量水分。如谷物湿度过高，可反复几次，中间给以缓苏时间。干燥谷层厚度应小于60cm，最好小于45cm，这样可使谷层受热均匀。如机内谷物是翻动的，则谷层可以稍厚。对于间歇式干燥，为防止水分在谷物中或表面凝结，需采用较大的气流流量。

五、主要谷物的热力干燥条件

（1）小麦　小麦烘干过程中，若加热温度过高，面筋质将迅速下降，品质将显著变坏，色泽变暗，失去弹性。为此最高温度应控制在45～50℃之间。此外，必须考虑原始水分的高低。原始水分高，选用加热温度低一些，原始水分低，选用温度高一些；通常炉气温度高时，烘干时间短一点；炉气温度低时，烘干时间长一点，以保证加热温度不超过安全温度界限（50～55℃）。

（2）稻谷　稻谷是一种热敏性谷物，干燥速度过快或者参数选择不当容易产生爆腰。所谓爆腰就是稻谷干燥后或者冷却后，颗粒表面产生微观裂纹。这将直接影响碾米时的整米率和出米率，影响它的经济效益。因此，我国规定：稻谷干燥机爆腰率的增值不超过3%。其次是稻谷籽粒由坚硬的外壳和米粒组成。外壳起保护作用，故稻谷比大米更易于保存。但干燥时外壳起着阻碍籽粒内部水分向外表面转移的作用。所以稻谷就成为一种较难干燥的粮食。试验表明：稻壳、米粒和稻糠的干燥特性是不同的，其平衡含水率也各不相同，因此不能把稻谷看成是均匀体，而应看作是一种复合体。

稻谷的硬度比小麦和玉米高，它的外壳对于干燥过程有显著延缓作用，故在烘干和冷却过程中很容易产生爆腰。使用固定床干燥或其他静置干燥设备烘干稻谷时，一般炉气温度以45℃为宜；使用流化干燥的烘干设备烘干稻谷时，一般炉气温度应小于160℃，出机谷温低于60℃，稻谷原始水分17%～18%，机内降水1%～1.3%，静态缓苏冷却降水1%～1.2%.一次总降水2.5%，在这种情况下，稻谷基本上不会产生爆腰。实践证明，使烘干后的稻谷堆放静置4h左右缓苏，再利用机械通风冷却，不仅有利于确保稻谷品质，而且还有可能使它的表层水的汽化速度与内层水分向外层转移的速度相协调，从而避免它的表层产生毛细管收缩和硬化现象。

(3) 玉米　玉米籽粒在热力干燥过程中品质变化主要指标是变色粒和龟裂粒的多少。玉米粒的果（种）皮结构非常紧密而光滑，对内部水分外移是一大阻碍，水分汽化急剧时，表皮下部聚积的水汽对表皮产生压力，会使玉米粒表皮胀裂，而导致胚部丧失发芽能力。采用流化床干燥玉米时，若原始水分在20%左右，应选用的炉气温度是140～160℃，谷层厚度12cm左右，出机谷温55～60℃，这样就能防止玉米产生龟裂。如水分再高时，炉气温度还需低一点。

(4) 种子　种用谷物烘干以保持种子的生命力为主。谷物的胚部含蛋白质最丰富，它是形成新植物的生机部分。对于种用谷物的烘干应把发芽率和发芽势作为控制它的品质指标。目前在烘干种用谷物时，多用低温慢速干燥法，炉气温度不超过45℃。

六、远红外谷物干燥机

红外线是一种电磁波（太阳光线中的一个组成部分），具有一定的波长和频率，并以极高的速度在空间传播，它的速度约为30万公里/秒。通常我们用肉眼所能看到的光有红、橙、黄、绿、青、蓝、紫七色，称为可视光，其波长为0.4～0.75μm，超过此波长范围的光波人类肉眼无法看到，称为不可视光。红外线是红光以外的不可视光波，它是1800年德国科学家哈逊在研究太阳光谱时发现的，它的波长为0.76～1000μm，热辐射占整个太阳光热能的50%，因而又称“热线”。在红外线中，波长范围为4～1000μm的波称为远红外线，而4～16μm这一波段的光线对人类的生存与万物的生长都极为重要，因而又被誉为“生命线”“生育线”等。

远红外谷物干燥机的工作原理是：通过发射体产生的远红外线直接辐射到谷物，由于远红外线的穿透性，几乎对谷物内外部同时加热，除去水分，如图 8-1 所示。

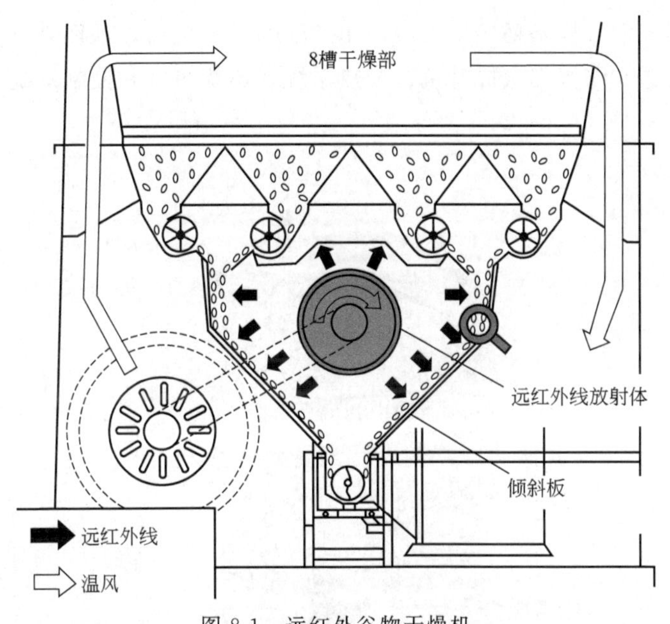

图 8-1 远红外谷物干燥机

远红外干燥减少了传统干燥机先加热空气，再通过热空气加热谷物的热传导损失，具有干燥效率高和节省能源的特点。但因为在现有的远红外机器中，远红外发生器只能将一小部分热能转换成远红外线，大部分还是热风干燥形式；另外，由于远红外的穿透能力很有限，一般为零点几毫米到 3mm，所以要求极薄层干燥才有效果，但在机械上实现极薄层干燥难度很大，至少需要谷物非常清洁，流动性很好，否则就很容易堵塞。一旦堵塞，远红外线就会在少数谷物上产生能量的积聚（远红外线不可能像热风一样容易排出机外），导致谷物的爆腰、焦煳甚至火灾。

七、低温循环式干燥机

低温循环式干燥机所谓的“低温”，是指用于干燥稻谷的介质温度被控制在比室温高 20～25℃范围内，以确保在干燥时不损坏谷物生命特征。

循环式干燥机是指：每次在机型规定的容量内装载谷物，通过机械装置按一定的速度进行循环，使谷物进入干燥部时得到受烘加温、出干燥部时得到缓苏；然后再进入干燥部受烘加温，再缓苏，直到含水率达到要求时停机出粮，称为循环式干燥机。

（一）结构

低温循环式干燥机是稻谷干燥中使用广泛的一种机器，如图 8-2 所示，主要由下本体、干燥部、储留部、提升机、加热系统（燃烧机）和控制系统等组成。

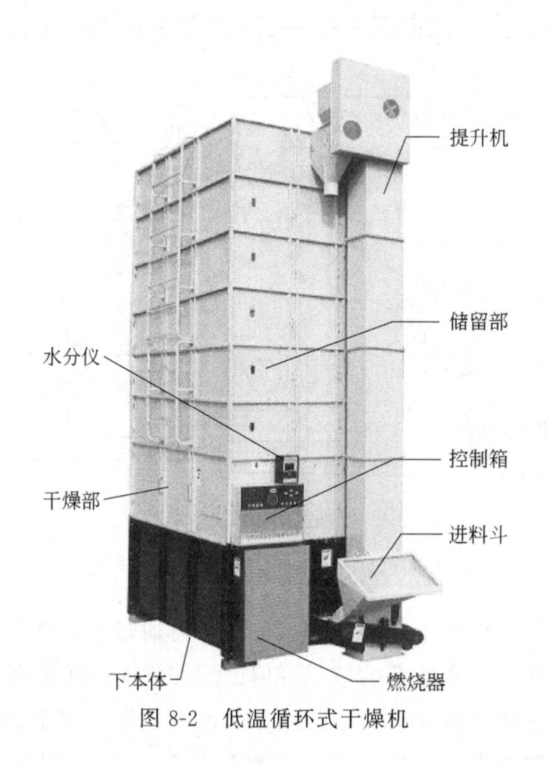

图 8-2 低温循环式干燥机

（1）下本体　作为低温循环式干燥机的机架，是干燥机最主要的机械传动部分。下本体内的循环排粮机构是完成谷物循环的执行机构，通过排粮机构与下搅龙将谷物排出下本体并输送进提升机。横向八槽式干燥机在下本体上安装吸引风机、燃烧器等，完成对冷空气加热以及冷、热空气的输送与分配。

（2）干燥部　目前广泛使用的低温循环式干燥机，干燥部有纵向四槽和横向八槽两种基本机构。其作用是通过热风槽与冷风槽，使热风均匀地穿过干燥部网孔板后与谷物槽中的谷物充分接触并向谷物传递热量，加快谷物中水分子的运动，并带走谷物表面的水分（图 8-3）。

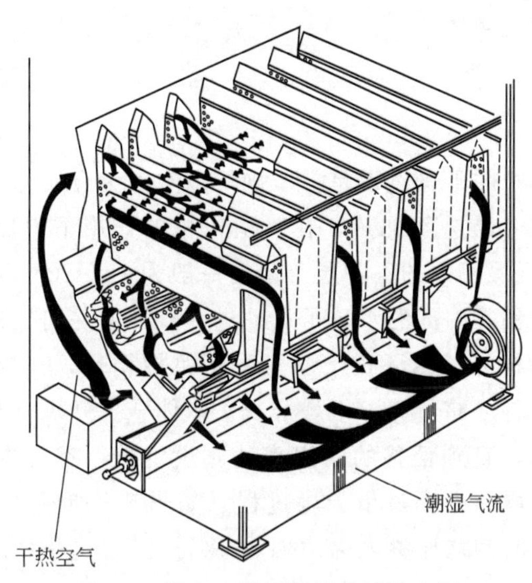

图 8-3　横向八槽干燥部热风流向图

(3) 储留部　位于干燥部之上，是干燥机上体积最大的部分，其主要作用是储存谷物，谷物经过干燥部加温“烘干”一定时间后，由排粮机构排出，进入下搅龙，再经提升机进入储留部上层。谷物稻谷在此“缓苏”——内部水分逐步向外移动，高水分谷粒上的水分向低水分谷粒上移动。

(4) 燃烧器　在燃烧器室内，通过燃烧煤油或柴油产生热量，对空气进行加热，为干燥谷物提供热空气。

(5) 吸引风机　其作用是为谷物提供源源不断的干燥热气流，并将通过干燥部谷物层后的湿空气排出干燥机。

(6) 上搅龙　位于干燥机顶部，其作用是将提升机送来谷物均匀撒入储留部，使谷物均匀分布于储留部。

(7) 下搅龙　位于下本体内，其作用是将排粮机构排出的谷物及时送至提升机下部。

(8) 水分仪　是干燥机重要的仪器，通过它可以设定被干燥谷物的种类、最终水分及误差补偿，同时在干燥过程定时定量地对被干燥谷物进行抽样、测定水分，并将数据传送到控制箱进行分析。

(9) 提升机　将谷物由下向上输送，完成循环及进出料过程。

(10) 装料斗　进料时用于装入谷物。

(11) 除尘机　位于干燥机顶部，通过它清除谷物中的灰尘、草屑、杂余。

(12) 控制箱　自动控制干燥工作全过程，包括对在线自动水分仪、温度传感器及风压传感器传输来的数据进行分析后，对燃烧器、吸引风机、排粮循环机构及提升机的开闭运行进行操控。

（二）工作过程

低温循环式干燥机的干燥过程是：干燥机以空气为介质，通过燃烧器产生的火焰（或其他热源）对介质进行加热，在吸引风机的作用下，加热后的干燥热空气（相对湿度较低）与干燥部内的谷物层（厚度一般为12～20cm）充分接触，介质对稻谷传热的同时，使稻谷内部的水分子运动进一步加速并向外移动，稻谷表层的水分子随介质带出干燥机外。循环式干燥机采用机械循环，在提升机和重力的作用下，自上而下地使稻谷从储留部→干燥部→下本体→提升机→储留部，周期性地使稻谷得到加热和缓苏，直到稻谷的含水率达到设定值，谷粒内外部水分均匀一致时，机器自动停止干燥，完成整个干燥过程（如图8-4所示）。谷物干燥加热的时间和在储留部缓苏的时间之比称之为“加热/缓苏比”，这是低温循环式干燥机的重要设计参数。

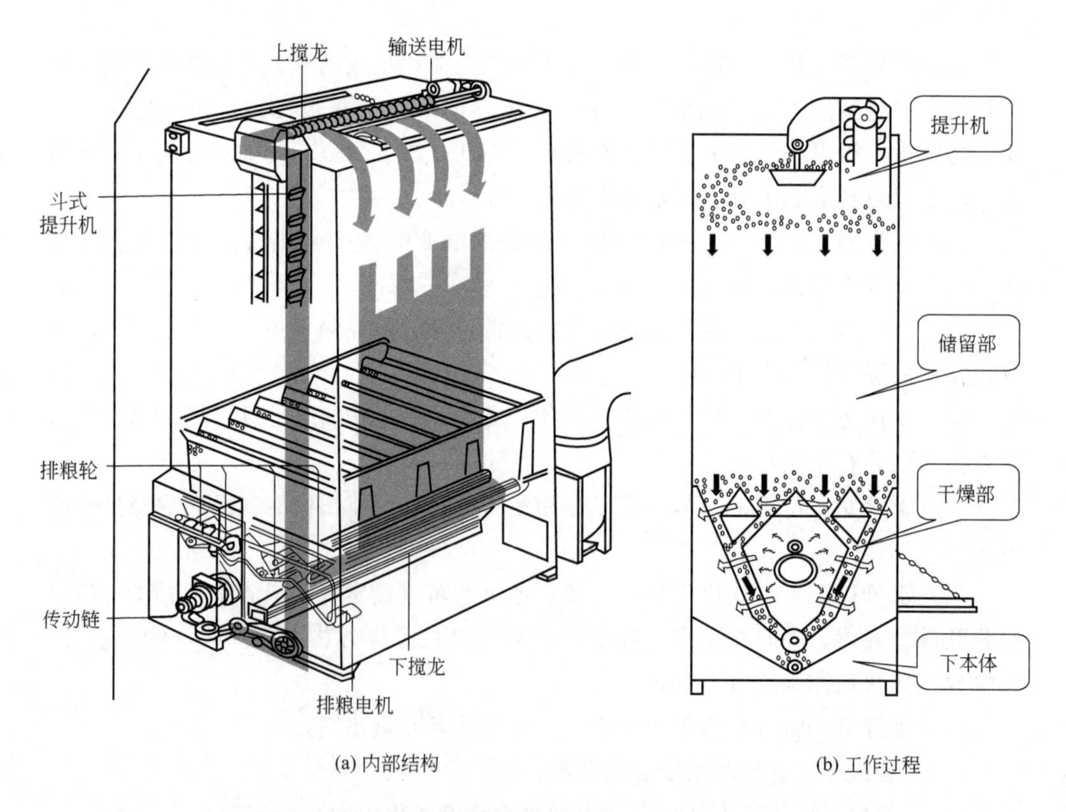

(a) 内部结构　　(b) 工作过程

图8-4　低温循环式干燥机内部结构及工作过程示意图

机械化低温循环干燥技术的精髓是：在干燥过程中通过科学的方法控制谷物受热温度与时间来达到控制谷物内部水分向外移动的速度。在干燥过程中一方面采用循环方法，使谷物周期性地进入干燥部和储留部，周期性地进行加热和缓苏，从而可以精准地控制干燥速度，防止出现爆腰。目前先进的干燥机还在干燥过程中增加调制工艺，通过调制使谷物中的淀粉、糖、脂质等保持在最佳状态。

循环式干燥机的干燥过程大致可以用图 8-5 表示。

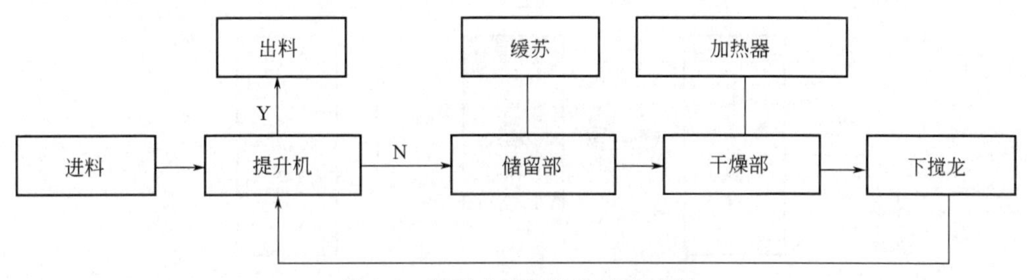

图 8-5　循环式干燥机的干燥过程

稻谷在储留部停留的时间称为“缓苏”，处于缓苏过程的稻谷不加热、不通风。“缓苏”实际上是一个使稻谷颗粒之间以及谷粒外部与内部水分均匀的过程。

计算机程序控制是低温循环式干燥机另一个重要特征。采用先进的计算机控制技术，通过控制核心部件——控制箱（或称控制柜）以及机器所配备的室温传感器、谷温传感器、风压传感器、在线水分测定仪等设备，随时采集数据进行分析，随时调整干燥机的工作参数——热风温度、循环速度，从而可以精准地控制干燥速度和稻谷含水率的均匀性，防止减弱稻谷生命特征的现象发生，同时还可以有效地节省能源。其机械部分与控制部分的关系如图 8-6。

对于初始水分差异较大（水分差异≥3%）或干燥精度要求很高时，可以在干燥过程中增加调制工艺，可使最终水分差异控制在 0.2%以内。

（三）低温循环式干燥机主要部件的构造与原理

1. 燃烧器构造与工作原理

燃烧器由喷嘴、油泵、风机、可调风门、控制盒、点火电极、电机等零部件组成，如图 8-7 所示。油泵产生的高压柴油由喷嘴雾状喷出，被点火电极生成的电火花点燃，形成火焰加热空气。

当干燥机控制箱确定干燥温度，并开始执行干燥指令后，温度传感器一旦检测到热风温度低于设定温度，总控箱就给燃烧器发出点火指令，此时风机、油泵、电磁阀、点火器、光敏管在燃烧器控制盒的统一控制下开始工作，油泵将油料吸入并

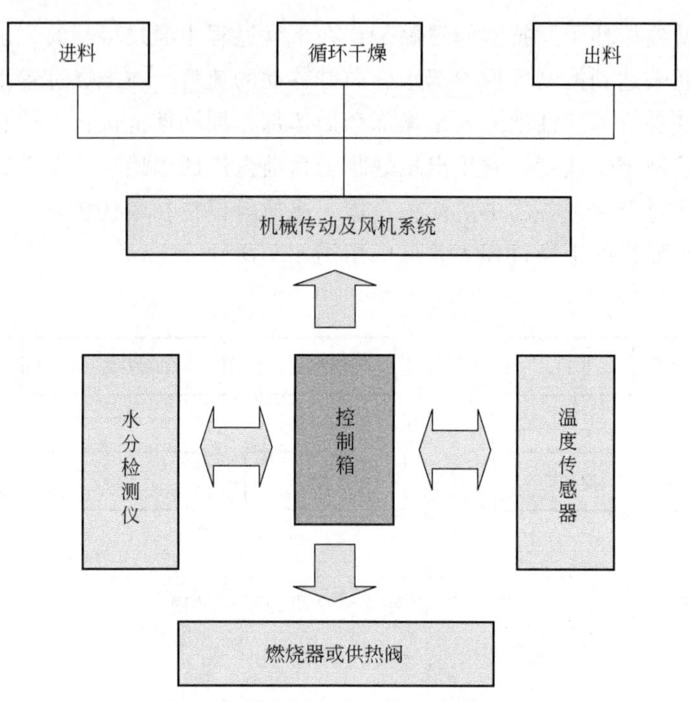

图 8-6　低温循环式干燥机控制系统

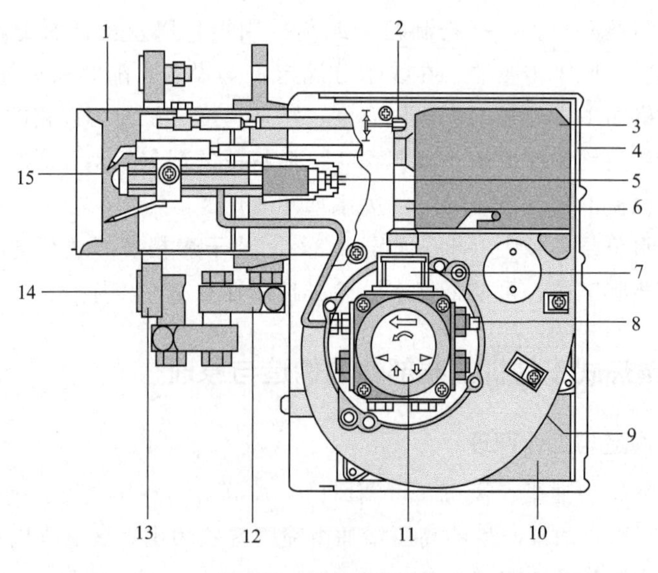

图 8-7　燃烧器的构造

1—燃烧头；2—燃烧头调节螺钉；3—控制盒；4—外壳；5—预热器；6—光敏管；7—油电磁阀；8—泵压力调节螺钉；9—自动风门挡板；10—消音罩壳；11—油泵；12—连接铰链；13—安装法兰；14—法兰垫片；15—稳焰盘

通过高压油管输送到喷油嘴。油泵输出端及油管内的油压，一般为 0.6～1.2MPa，此时通过喷油嘴喷出时，可以起到良好的雾化效果。点火时通过高压线圈产生的高压电与喷油嘴喷头处，产生电弧，点燃雾化状态的油雾。并在风机、稳焰盘等共同作用下，产生良好的火焰。对燃烧器进风口的空气进行加热，一旦温度传感器检测到热风温度超过设定值时，就发出燃烧器的停火指令。

2. 水分仪的原理与组成

水分仪的种类很多，按照工作原理分，常见的有电阻式水分仪、电容式水分仪、红外水分仪等。低温循环式干燥机采用的是电阻式水分仪。由于水分仪在循环干燥过程中按照指令不断检测谷物的水分，所以也称其为“在线（生产线）自动水分仪”。

水分仪一般由两部分组成，即取样检测传感器与操控显示器（见图 8-8），在许多干燥机上，操控显示器部分与干燥机控制箱设计成一体。

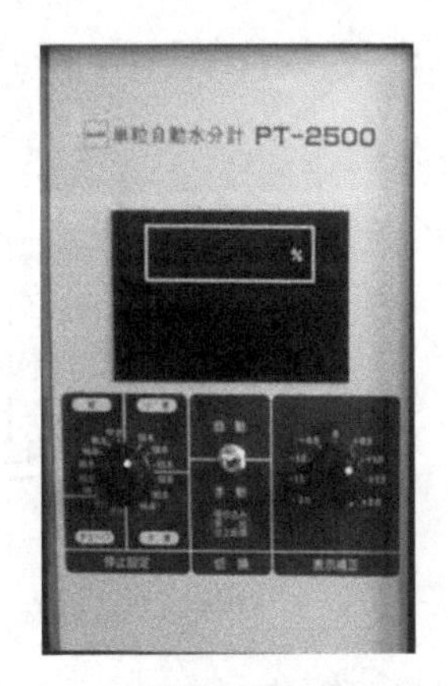

操控显示器

取样检测传感器

图 8-8 水分仪

电阻式水分仪的工作原理是：通常情况下谷物所含水分越高，电阻值越小，反之水分越低电阻值越大，两者成非线性反比关系。在大量试验数据的基础上建立不同谷物品种的“水分-电阻关系曲线”。水分仪的取样检测传感器中有两个接通电极的金属滚轮，同步反向转动，两轮间约 1.5～2mm 间隙。按照预先设定的程序定时从干燥中的循环谷物流上随机取样，被选取的谷粒随着轮子的旋转，谷物在最小间隙处被压扁同时测量其电阻值，每压扁一粒测出一个电阻值，一般每次检测 100 粒，取算术平均值，然后再通过“水分-电阻关系曲线”自动换算成水分值在显示器上以数字显示。由于电阻值不仅与水分高低有关，还与温度有敏感的相关性，所以在水分仪中都安装有温度补偿的传感器。

3. 循环排粮机构

循环排粮机构是循环式干燥机完成谷物循环的执行机构，通过此机构控制谷物的流动速度，此速度也称为循环速度，它与干燥部的结构尺寸直接决定干燥/缓苏比，是干燥机的重要技术参数。

循环排粮机构的设计不但要考虑运动参数，机构参数也是十分重要的设计要素，它既要保证谷物循环的流动顺畅，不能产生堵塞，也不能使谷物产生机械损伤，造成破碎或影响胚芽。

循环式干燥机的循环排粮机构一般有两种形式，即槽轮式循环排粮机构和回转筒式循环排粮机构，如图 8-9 所示。一般来说只要被干燥谷物经过清选设备初清处理，都不会堵塞。但由于排粮轮叶板和排粮槽之间的间隙只有 6～8mm，所以对谷物有一定的机械损伤。回转筒式循环排粮机构的回转筒进料口宽达 60～70mm，所以对干燥物料的适应性较好，机械损伤较小。

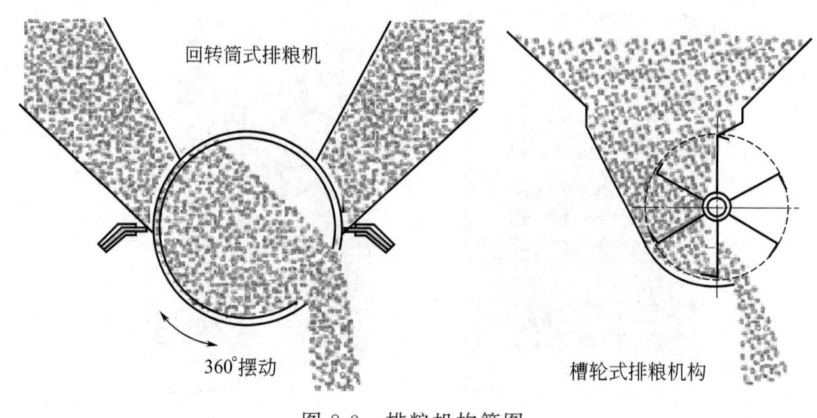

图 8-9　排粮机构简图

（四）低温循环式干燥机的主要性能与技术参数

1. 降水率或降水速度

以单位时间的降水百分比表示。这是反映干燥机生产效率的重要指标。为了保证干燥质量，国际上干燥水稻的降水速度一般应控制在每小时 1％以内，否则就容易产生爆腰和降低稻谷发芽率等现象。目前绝大部分低温循环式干燥机的降水速度设定为 0.5％～1.0％/h，干燥机一般以百分比范围表示，而不是一个固定数值。原因是：尽管干燥机可以对干燥温度及风量等参数有效控制，但干燥速度的快慢还受到外界温度、空气中的含水率（相对湿度）等因素的影响。即使是同一台干燥机，在不同的季节、不同时间或不同地点使用，其干燥效率都会不一样。

2. 单位降水耗能

单位为 kJ/kg(H_2O)，即被干燥物料每降 1kg 水所消耗的总能量（包括热能与电能，能耗单位为千焦耳），干燥机能耗指标高低取决于干燥机的结构设计、机械运动参数、干燥程序选择是否得当等因素。

3. 烘后稻谷发芽率降低值

单位为%。对于性能优良的干燥机，烘后的稻谷发芽率应该不低于烘前的发芽率数值，所以此项指标应该是一个近似等于零的数值。

4. 烘后破碎率增加值

单位为%。由于在干燥过程中稻谷受到干燥温度的影响和循环过程中的机械损伤，破碎率一般会比干燥前有一定程度的增加。

5. 干燥水分不均匀度

单位为%。由于被干燥稻谷的初始水分差异大、机器循环过程中的不均匀性或干燥机存在死角等因素，稻谷在经过干燥处理后的最终水分一般无法达到绝对均匀，都会存在一定的差异。最高水分值与最低水分值之差称为干燥水分不均匀度。国家标准规定，储藏安全水分值时的水分不均匀度应小于等于 0.5%。

6. 进出料时间

为了提高干燥机的生产效率，一般希望机器的进出料时间越短越好。决定干燥机进出料时间长短的主要机器参数是由提升机皮带的线速度、料斗的大小及其在皮带上料斗的排列密度所决定的。但随着机器装载量的增加，进出料时间也相应增加，正常情况下一台 10t 装载量的干燥机的进出料时间应控制在 70～90min。

7. 机器工作可靠性

也可称之为可靠性有效度，以%表示，它是机器正常工作时间与总工作时间（正常工作时间＋故障与维修时间）之比。

8. 干燥质量标准

对于稻谷循环式干燥机，我国农业部行业标准 NY/T 370—1999 对部分重要技术性能指标有如表 8-1 所示的规定。

表 8-1 循环式干燥机干燥质量标准

序号	项目	单位	规定数值	备注
1	单位降水耗能	kJ/kg(H_2O)	≤5800(水稻) ≤5200(小麦)	一等品

续表

序号	项目	单位	规定数值	备注
2	烘后发芽率降低值	%	≤0	不低于烘前
3	烘后破碎率增加值	%	≤0.8	一等品
4	烘后水分不均匀度	%	≤0.8	一等品
5	可靠性有效度	%	≥97	一等品
6	工作噪声	dB	≤83	一等品
7	工作间粉尘浓度	mg/m^3	10	

八、谷物干燥机安全使用技术

（一）准备工作

（1）收割时间　不要过早收割，当谷物水分大于30%时，尽量不要收割，待稍干些后再收割。

（2）除杂　被干燥的谷物，需先经过清选除杂，保证含杂率在1%以下。如混有大量的碎秆、杂余等杂物，会影响谷粒流动，引起干燥不均匀，杂物过多还会阻塞筛网，降低干燥效率。

（3）选择适合的干燥机　干燥的谷类品种不同，干燥后谷类的用途（种子、商品粮等）不同，其都有专用机型或适用机型，低温循环式粮食干燥机对稻谷干燥尤为适用。

（4）干燥机的容量　要与农业经营者的生产规模相适应。

（二）检查烘干机

（1）操作人员　操作人员事前要经过培训，方可上岗。上班时要始终保持服装整齐，严格按照使用说明书的要求进行操作。凡有两人以上操作时，须先打招呼再进行开机，并不得有小孩在机器周围玩耍。

（2）开机前检查机器技术状况　严格按照使用说明书的要求检查机器技术状况，保持工作部件技术状况良好，干燥部、进排风管和除尘管等处要保持畅通。不正常及时排除。

（三）装料的操作顺序

应把初始水分相近的粮食合为一批进行烘干，根据每批粮食初始水分的情况，来合理安排烘干工艺，以保证烘干后的粮食含水量基本一致。

① 打开装料侧板。

② 将电源开关扳至“ON”，确认机器电路接通，状态正常。

③ 检查确认定时选择指示灯全部点亮。

④ 按装料按钮。此时“装料”的运转灯点亮，干燥机开始启动。

⑤ 将谷物从装料侧板中装入，直至显示“满了停止”灯闪亮，干燥机停止时，表示装满料。

⑥ 装料结束后，关闭装料侧板。

（四）烘干机操作

① 干燥设备操作程序。尤其是自动化控制程度低的干燥设备，操作程序一般是：开机时，从流程的末端依次向前启动工作部件或设备；关机时，则依次从流程的入口处向后关闭工作部件或设备。

② 运转安全。机器在运转过程中，不要打开燃烧器箱、吸气盖板等，避免发生烧伤或其他事故。

③ 作业过程中应经常检测排粮的含水率。如果含水率不符合要求，应及时调整排粮时间。

④ 预防火灾。在燃烧炉内部、风道内部、进气罩内网及炉箱盖上不准有积存的易燃污垢。要始终保持燃烧炉周边清洁，不得堆放易燃物品。并在干燥机旁要备有灭火器，以防发生火灾。

⑤ 干燥温度和外界环境温度相差较大时，干燥完毕，不宜马上开仓出谷，否则会影响谷物后续加工质量（如稻谷爆腰、碎米增加）。

（五）烘干机保养及维护

（1）保养人员　要保持服装整齐，不要带易掉物品。凡有两人以上保养时，须先打招呼再进行开关机，保证工作环境明亮通风。

（2）保养工具　准备好保养用到的各种工具，如毛刷、木棒、皮老虎、扳手、口罩、手电筒、安全带等。

（3）工作期间维护　工作期间为了不影响烘干效果，通常在机器使用100h左右要进行一次保养。此时将粮食排空停机，仔细检查设备各个部分，排除机内异物。并着重检查以下内容。

① 全面检查调整提升机皮带的松紧度。

② 清洗燃烧器过滤器，清理上下搅龙及机器内部的杂物。

③ 检查各转动部件及有关部位的紧固件有无松动现象。把各部位调整、紧固

到正常状态。

（4）季后保养 季后保养是指在工作期结束后，为了适于长期存放，延长机器寿命，也为了下季使用时能正常运转而进行的保养。

① 打开上盖、上搅龙底板、清理上搅龙的杂物，并清理进入机器储留部和干燥部的谷物和茎秆等杂物。

② 打开下搅龙底板、插板和提升机底板，清理下搅龙和提升机的谷物和茎秆等。

③ 打开进料口清理内部的杂物。

④ 拆水分仪传感器，清理两扎辊的谷物等。

⑤ 检查各转动部件和紧固件。检查各转动部件及易损件的磨损情况，必要时进行更换。检查各紧固件有无松动现象。

⑥ 转动部件的保养。链条、排粮轮、轴承座等处加注机油。并关好各部分护罩。各滚动轴承加注黄油。

思考题

1. 调查当地农产品烘干机械的型号。
2. 写出常用烘干机械的结构组成及工作过程。
3. 写出常用烘干机械的操作步骤。
4. 写出常用烘干机械的维护保养项目。

参考文献

[1] 胡霞.农机操作和维修工.北京：科学普及出版社，2012.

[2] 李慧，张双侠.农业机械维护技术，北京：中国农业大学出版社，2018.

[3] 湖北省农业机械化技术推广总站，中国农业机械学会，农业机械杂志社.农业机械实用手册.北京：中国农业大学出版社，2018.

[4] 胡霞.农业机械应用技术.北京：中国农业出版社，2002.

[5] 胡霞.汪成华.农业机械应用技术（第2版）.北京：中国农业出版社，2015.

[6] 胡霞.农业机械应用技术.北京：机械工业出版社，2012.

[7] 胡霞.玉米播收机械操作与维修.北京：化学工业出版社，2010.

[8] 汪金营，胡霞.小麦播收机械操作与维修.北京：化学工业出版社，2009.

[9] 淮阴农业学校.农业机具的构造与使用.北京：中国农业出版社，1999.